算数教育のための数学

宮地淳一・竹内伸子・田中 心
長瀬 潤・相原琢磨
共著

培風館

本書の無断複写は，著作権法上での例外を除き，禁じられています。
本書を複写される場合は，その都度当社の許諾を得てください。

はじめに

　本書は，東京学芸大学で小学校の教員になるために必要な教科「算数科研究」で講義している内容をもとに執筆しています．小学校の教科「算数」では1年生から6年生まで数と計算，量と測定，図形，数量関係などについて学びます．ここではそのなかで「数と計算」部分の**整数**を主に扱います．

　具体的には，第0章で本書を読む際の基本的な用語などについて説明します．第1章で，整数の基本的な概念として「整数論の公理」「帰納法」，いわゆる割り算である「剰余の定理」について述べます．第2章では，まず与えられた2つの**整数**に対して「最大公約数」を考え，それを求める方法として「ユークリッドの互除法」を紹介します．この「ユークリッドの互除法」は2つの整数 a, b とその最大公約数 r を用いた $ax + by = r$ 形の1次不定方程式の一般解を求める過程にも用いられます．さらに2つの**整数**の「最小公倍数」を定義し，「最大公約数」との関係について述べます．第2章の後半部分は，**自然数**に関する2つの内容について扱います．一つ目は「素数」です．われわれの身のまわりには素数に関係したものがたくさんあります．例えば，素数を用いた素因数分解は暗号の仕組みにも使われています．二つ目は「ピタゴラス数」です．関係式 $a^2 + b^2 = c^2$ を満たす3つの自然数の組 (a, b, c) をピタゴラス数といいます．ここではその求め方，それに関連した幾何学的な内容についてふれます．第3章は，「余り」を用いて整数の合同を考える世界です．ある自然数 k で割ったときに余りが等しくなる2つの整数 a と b は k を法として合同であるといいます．この "k を法とする合同" のもとで演算や方程式を考えます．そして，合同式の応用として，年月日の曜日を計算する方法を紹介し，第4章ではRSA暗号の構成方法などを紹介します．第5章は，分数と小数の話です．最初に分数の成り立ちから有理数の構成と，そこでの演算（加減乗除）を紹介します．有理数は小学校で習う算数のなかで理解するのが難しいものの一つになっていま

す．次に小数，実数の構成，循環小数について考えます．

　小学校の算数を教えるのにこんなに難しいことを勉強しなければならないのかと思う読者もおられるかもしれません．しかしながら本書を読み進めていくと，いままであたり前だと思っていたこと，例えば，誰が計算しても割り算の商と余りは同じ答えしかでないとか，素因数分解は数を並べる順番を無視すれば誰が行っても同じになるということなどが，じつは，きちんと証明したうえで使われているということがわかります．

　また，数学が積み重ねの学問であるということが本書の内容だけでも読み取れると思います．その第一歩である小学校の算数を教えるという任務を担うみなさんの責任は重大ですが，とても名誉のあることです．

　本書を読み，これから実際に算数の授業に向かうとき，いままでよりも自信をもって指導ができるようになることを期待しています．

　2018 年 1 月

著者しるす

目　次

0. 基本的事項　　*1*
　0.1　命題・公理・定義について　　1
　0.2　集合についての準備　　4

1. 整数の基本的な性質　　*7*
　1.1　整数論の公理と帰納法　　7
　1.2　割り算 (剰余の定理)　　10

2. 約数と倍数　　*15*
　2.1　最大公約数とユークリッドの互除法　　15
　2.2　$ax + by = r$ 形の 1 次不定方程式　　20
　2.3　最小公倍数　　27
　2.4　素因数分解 (一意分解定理)　　29
　2.5　ピタゴラス数　　34
　2.6　ピタゴラスの定理　　40

3. 余りの世界　　*45*
　3.1　合同式　　45
　3.2　応用：ISBN 番号　　48
　3.3　応用：曜日計算　　50
　3.4　フェルマー・オイラーの定理　　58
　3.5　合同方程式　　66

4. 合同式の応用：RSA 暗号　　83

4.1 暗　　号 83
4.2 RSA 暗号 85
4.3 応用：デジタル署名 88
4.4 ハッキング 91
4.5 RSA 暗号の証明 94
4.6 RSA 暗号 (再考) 96

5. 有理数と小数　　99

5.1 有 理 数 99
5.2 エジプトの分数への応用 107
5.3 小数と実数 113

参 考 文 献　　*125*

問題の解答　　*127*

索　　引　　*133*

ギリシア文字表

大文字	小文字	英語名	読み
A	α	alpha	アルファ
B	β	beta	ベータ
Γ	γ	gamma	ガンマ
Δ	δ	delta	デルタ
E	ε, ϵ	epsilon	エプシロン，イプシロン
Z	ζ	zeta	ゼータ(ツェータ)
H	η	eta	イータ
Θ	θ, ϑ	theta	テータ，シータ
I	ι	iota	イオタ
K	κ	kappa	カッパ
Λ	λ	lambda	ラムダ
M	μ	mu	ミュー
N	ν	nu	ニュー
Ξ	ξ	xi	クシー，クサイ
O	o	omicron	オミクロン
Π	π, ϖ	pi	パイ
P	ρ, ϱ	rho	ロー
Σ	σ, ς	sigma	シグマ
T	τ	tau	タウ
Υ	υ	upsilon	ユプシロン
Φ	ϕ, φ	phi	ファイ
X	χ	chi	カイ
Ψ	ϕ, ψ	psi	プシー，プサイ
Ω	ω	omega	オメガ

0
基本的事項

　この章で，数学で扱う論理についての約束事について述べる．この章ででてくる例はそれらの理解を助けるためにあるので，例自体をはっきり理解する必要はない．第 1 章で，自然数，整数の定義からはじめるので，また，論理，集合に関して必要に応じて，この章にもどって確認すればよい．

0.1　命題・公理・定義について

> **定義 0.1.1**　万人が，あるいは人がいなくても真偽がはっきりと決まっている数学的主張を**命題**という．

○**例 0.1.2**　(1)　「9999 は奇数である」は (真の) 命題である．
(2)　「9999 は偶数である」は (偽の) 命題である．
(3)　「9999 は大きい自然数である」は命題ではない．

◆**注 0.1.3**　真であると証明されている数学的主張のことを命題とよぶこともある．ここでは，命題やそれに類する用語について以下の表にまとめておく．

命題	広い意味：真偽がはっきりと定まっている数学的主張 狭い意味：真であると証明されている数学的主張
定理	狭い意味の命題で，特に重要なもの
補題	狭い意味の命題で，命題や定理の証明で用いられるもの
系	狭い意味の命題で，命題や定理から容易に導かれるもの
定義	数学的な用語に関するとり決め(数学的主張で記述される)
公理	理由なく真であると認める数学的主張

定義 0.1.4 命題 P, Q に対して，「P でない または Q である」という命題を，「P ならば Q」と表し，「$P \Rightarrow Q$」としばしば書く．

定義 0.1.5 命題「P ならば Q」に対して，命題「Q でない ならば P でない」を，「P ならば Q」の**対偶**とよぶ．命題「P ならば Q」と，その対偶「Q でない ならば P でない」の真偽は一致する．

定義 0.1.6 x についての**条件** $P(x)$ とは，x に値を代入するごとに真偽が定まる主張のことである．

○例 **0.1.7** 整数 x に対する条件 $P(x)$ を「x は偶数である」とする．例えば，$x = 1, 2, 3, 4$ のとき，

$\quad\quad P(1)$ は偽, $\quad P(2)$ は真, $\quad P(3)$ は偽, $\quad P(4)$ は真

である．

○例 **0.1.8** 整数 x に対する条件 $Q(x)$ を「$x > 3$」とする．例えば，$x = 1, 2, 3, 4$ のとき，

$\quad\quad Q(1)$ は偽, $\quad Q(2)$ は偽, $\quad Q(3)$ は偽, $\quad Q(4)$ は真

である．

0.1 命題・公理・定義について

○例 **0.1.9** 整数 x に対する条件 $P(x)$ を「$x > 2$」とし，条件 $Q(x)$ を「$x > 1$」とする．例えば，$x = 1, 2, 3, 4$ のとき，

「$P(1)$ ならば $Q(1)$」は真，　　「$P(2)$ ならば $Q(2)$」は真，
「$P(3)$ ならば $Q(3)$」は真，　　「$P(4)$ ならば $Q(4)$」は真

である．

○例 **0.1.10** 整数 x に対する条件 $P(x)$ を「x は偶数である」とし，条件 $Q(x)$ を「$x > 3$」とする．例えば，$x = 1, 2, 3, 4$ のとき，

「$P(1)$ ならば $Q(1)$」は真，　　「$P(2)$ ならば $Q(2)$」は偽，
「$P(3)$ ならば $Q(3)$」は真，　　「$P(4)$ ならば $Q(4)$」は真

である．

定義 0.1.11 ある命題を証明するのに，その命題が成り立たないと仮定すると矛盾が導かれることを示し，そのことによってもとの命題が成り立つと結論する方法がある．この証明法を **背理法** という．具体的には，以下のような議論の流れをさす．

　証明したい命題を P とする．また，別の命題を A とする．(命題 A は，命題 P と無関係であってもかまわないが，自分でうまくみつける必要がある．また，命題 A が真であることは，証明されていなくてもよい.) このとき，「P でない」と仮定し，

　　(1) 「A である」　　(2) 「A でない」

の両方を示す．すると，(1) と (2) は互いに矛盾するので，「P である」ことが結論づけられる．

◆注 **0.1.12** 背理法の議論においては，(1) か (2) のどちらか一方が自明に成り立つという状況がしばしば生じる．例えば，命題 A が真であることがすでに証明されている状況下であれば，(1) の証明は (仮定「P でない」を用いることなく) 自明である．このような場合は，議論を簡略化することがよくある．帰納法の原理 1.1.3，ユークリッドの素数定理 2.4.6 などの証明は背理法によってなされているので，参照のこと．

0.2 集合についての準備

> **定義 0.2.1** 集合とは，"(数学的) 対象"の集まりのこととする．ただし，どのような対象についても，その集まりに属しているかどうかがはっきりと定まらなくてはならない．

○例 **0.2.2** (集合の例)
- 「この教室に居る人の集まり」は集合である．
- 「この教室の前から 3 列目までの人の集まり」は集合である．
- 「この教室の後ろのほうに座っている人」は集合ではない．("後ろのほう"が曖昧)
- 「自然数すべての集まり」は集合である．
- 「100 以下の自然数の集まり」は集合である．
- 「小さな自然数の集まり」は集合ではない．("小さな"が曖昧)

> **定義 0.2.3** 対象 a が集合 A に属しているとき，$a \in A$ や $A \ni a$ と書く．また，このとき a は A の元(または要素)であるという．対象 a が集合 A に属していないとき，$a \notin A$ や $A \not\ni a$ と書く．

○例 **0.2.4** (典型的な集合の例)
- $\emptyset$: 元を一つももたない集合 (空集合とよぶ)
- $\mathbb{N}$: 自然数全体からなる集合
- $\mathbb{Z}$: 整数全体からなる集合
- $\mathbb{Q}$: 有理数全体からなる集合

◆注 **0.2.5** $X = \emptyset$ であることは，次のようにいい表すこともできる．
「どのような対象 x に対しても，$x \notin X$ が成り立つ．」

0.2 集合についての準備

定義 0.2.6 (集合の表し方 (外延的記法)) 集合に属する元を列挙し，「{」と「}」で挟む．

○例 **0.2.7** (集合の外延的記述の例)
- $\{2, 4, 5\}$
- $\{2, 2, 4, 5, 4, 5, 2\} \ (= \{2, 4, 5\})$　　　← 重複は無視する
- $\{1, 2, 3, \cdots, n, \cdots\} \ (= \mathbb{N})$　　　← 通常は $\mathbb{N}$ を用いる
- $\{\ \} \ (= \emptyset)$　　　← 通常は $\emptyset$ を用いる

定義 0.2.8 (集合の表し方 (内包的記法)) 以下の表記

$$\{x \mid x \text{ に関する条件}\}$$

で，「条件を満たすような "対象 x" をすべて集めた集合」を表す．また，次の表記

$$\{x \in X \mid x \text{ に関する条件}\}$$

で，「条件を満たすような "X の元 x" をすべて集めた集合」を表す．

○例 **0.2.9** (集合の内包的記述の例)
- $\{x \mid x \in \mathbb{Z},\ x^2 = 9\} = \{x \in \mathbb{Z} \mid x^2 = 9\} = \{-3, 3\}$
- $\{x \mid x \in \mathbb{N},\ x^2 = 9\} = \{x \in \mathbb{N} \mid x^2 = 9\} = \{3\}$
- $\{x \mid x \in \mathbb{Z},\ 2x = -4\} = \{x \in \mathbb{Z} \mid 2x = -4\} = \{-2\}$
- $\{x \mid x \in \mathbb{N},\ 2x = -4\} = \{x \in \mathbb{N} \mid 2x = -4\} = \emptyset$

定義 0.2.10 (部分集合) A のどのような元も B の元であるとき，すなわち，$x \in A$ ならば $x \in B$ が成り立つとき，集合 A は集合 B の**部分集合**であるといい，$A \subset B$ (または $B \supset A$) と表す．

よって，A の元であるが B に属さないものが存在するとき，集合 A は集合 B の部分集合でないということになる．また，このとき $A \not\subset B$（または $B \not\supset A$）と表す．

公理 0.2.11 任意の集合 A, B に対して，次が成り立つ．
$$(A \subset B \text{ かつ } B \subset A) \text{ ならば } A = B$$
なお，この公理は，**外延性の公理**とよばれている．

定義 0.2.12 (**和集合** $A \cup B$, **共通部分** $A \cap B$, **差集合** $A - B$)
(1) $A \cup B = \{x \mid x \in A \text{ または } x \in B\}$
(2) $A \cap B = \{x \mid x \in A \text{ かつ } x \in B\}$
(3) $A - B = \{x \mid x \in A \text{ かつ } x \notin B\}$

定義 0.2.13 (**直積集合** $A \times B$) 2つの "もの" x, y からつくられた対 (x, y) のことを**順序対**とよぶ．ただし，$(x, y) = (x', y')$ となるのは，「$x = x'$ かつ $y = y'$」のときのみであると決めておく．

集合 A, B に対して，**直積集合** $A \times B$ を以下で定義する．また，$A \times A$ を A^2 とも表す．
$$A \times B = \{(a, b) \mid a \in A, b \in B\}$$

○**例 0.2.14** 集合 $A = \{1, 2, 3\}$, $B = \{2, 4\}$ に対して，
$$A \times B = \{(1,2), (1,4), (2,2), (2,4), (3,2), (3,4)\},$$
$$B \times A = \{(2,1), (2,2), (2,3), (4,1), (4,2), (4,3)\},$$
$$B^2 = \{(2,2), (2,4), (4,2), (4,4)\}$$
である．

1

整数の基本的な性質

　小学校算数科において，整数はもっとも基本的な概念である．整数の意味と表し方からはじまり，加減乗除という四則計算に進む．整数の性質として偶数・奇数，約数・倍数，さらに素数を学ぶ．この章では，整数を取り扱う際の基本的な事項について述べる．

1.1 整数論の公理と帰納法

　本書では，自然数，整数を次のように考え扱っていく．まず**自然数**は，

$$1$$

からはじめて，

$$1+1$$

を 2 とし，

$$1+1+1$$

を 3 とし，

$$n = \overbrace{1+1+\cdots+1}^{n\,\text{個}}$$

としたものとする．したがって，$n-1$ に 1 加えたものが n である．1 を小学校の教科書にでてくる ◯ のイメージで描くと次のようになる．

$$
\begin{array}{cc}
\bigcirc & 1 \\
\bigcirc\bigcirc & 1+1=2 \\
\bigcirc\bigcirc\bigcirc & 1+1+1=3 \\
\vdots & \vdots \\
\underbrace{\bigcirc\cdots\bigcirc}_{n-1\,\text{個}} & \underbrace{1+\cdots+1}_{n-1\,\text{個}}=n-1 \\
\underbrace{\bigcirc\cdots\bigcirc\bigcirc}_{n\,\text{個}} & \underbrace{1+\cdots+1+1}_{n\,\text{個}}=n \\
\vdots & \vdots \\
\end{array}
$$

そのうえで**整数**は,最初に,任意の自然数 n に対して,

$$n+0=0+n=n$$

を満たすもの 0 を考える.次に,-1 は 1 を足すと 0 になる数,-2 は 2 を足すと 0 になる数,$-n$ は n を足すと 0 になる数として**負の整数**を定義する.

$$
\begin{aligned}
&-1+1=0, \\
&-2+2=-2+1+1=0, \\
&-3+3=-3+1+1+1=0, \\
&\vdots\vdots
\end{aligned}
$$

したがって,自然数 n に対して $-(n+1)$ に 1 加えたものが $-n$ である.

これから,**数の大小関係**については,自然数に対してまず,1 増加の列

$$0<1<2<3<\cdots$$

を考え,次に負の整数に対して 1 増加の列

$$\cdots<-3<-2<-1<0$$

を考え,整数全体で 1 増加の列

$$\cdots<-3<-2<-1<0<1<2<3<\cdots$$

で大小関係を考える.

1.1 整数論の公理と帰納法

自然数全体の集合 $\{1, 2, \cdots\}$ を $\mathbb{N}$, 整数全体の集合 $\{\cdots, -2, -1, 0, 1, 2, \cdots\}$ を $\mathbb{Z}$ と書く.

自然数 m, n に対して, **積** $m \times n$ は, 分配法則を使って展開し,

$$m \times n = \overbrace{(1+1+\cdots+1)}^{m\text{個}} \times \overbrace{(1+1+\cdots+1)}^{n\text{個}}$$
$$= \underbrace{1+1+\cdots+1}_{mn\text{個}}$$
$$= mn$$

とする. 以降, かけ算を $a \times b$ を $a \cdot b$ あるいは単に ab と書くことにする.

次に, 整数論の公理を述べる. **公理**というものは, その約束事からはじめるもので, それ自体は正しいかどうかは問わない.

公理 1.1.1 (整数論の公理) $\mathbb{N}$ の空でない部分集合には, 必ず最小元が存在する. すなわち, 空でない部分集合を X としたとき, X の中に一番小さい数がある.

○**例 1.1.2** (1) $\mathbb{N}$ の部分集合 $\{5, 10, 15, 20, 25\}$ の最小元は 5 である.
(2) 偶数からなる自然数の集合 $\{2, 4, \cdots\}$ の最小元は 2 である.

次に, 公理から導かれる**帰納法の原理**を述べる. ここで, **命題**というのは, 人によらず万人が, あるいは人がいなくても真偽がはっきりしている記述のことをさす.

原理 1.1.3 (帰納法の原理) $n \in \mathbb{N}$ に関する命題を $P(n)$ とする. $P(n)$ がすべての $n \in \mathbb{N}$ に対して成り立つことをいうためには, 次の 2 つの条件を示せばよい.
(1) $P(1)$ は成り立つ.
(2) $P(n)$ が成り立つならば, $P(n+1)$ も成り立つ.

> ((2′) $k < n$ に対して，$P(k)$ が成り立つならば，$P(n)$ も成り立つ.)

証明. $\mathbb{N}$ の部分集合として $X = \{n \in \mathbb{N} \mid P(n) \text{ は成り立たない.}\}$ を考える．もし $X \neq \emptyset$ とすると，整数論の公理 1.1.1 から，X には最小元 m が存在する．条件 (1) から m は 2 以上であり，m は集合 X の最小の自然数であることから $P(m-1)$ は成り立つ．よって条件 (2) より，$P(m)$ が成り立つ．(または $k < m$ に対して，$P(k)$ が成り立つ．よって条件 (2′) より，$P(m)$ が成り立つ.) これは矛盾であるから $X = \emptyset$ である． □

1.2 割り算 (剰余の定理)

整数のなかでの演算でもっとも基本となるのが，剰余の定理である．整数をある自然数で割って，商と余りがただ一組であるということは一見あたり前のようだが，きっちり示す必要がある．そのために，"割り切れる" ということから確認していく必要がある．

> **定義 1.2.1** $a, b \in \mathbb{Z}$ $(b \neq 0)$ に対して，$a = bc$ を満たす $c \in \mathbb{Z}$ が存在するとき，b は a の**約数**，a は b の**倍数**，または，a は b で**割り切れる**といい，
> $$b \mid a$$
> と書き表す．$b \mid a$ でないときは，$b \nmid a$ と書く．

次の約数，倍数に関しての命題は簡単ではあるが，これからあらゆるところで登場する有用なツールである．ここで，整数 n に対して，$|n|$ は n の**絶対値**で，
$$|n| = \begin{cases} n & (n > 0) \\ 0 & (n = 0) \\ -n & (n < 0) \end{cases}$$
である．

1.2 割り算 (剰余の定理)

> **命題 1.2.2** $a, a_i\ (i = 1, \cdots, n), b \in \mathbb{Z}\ (b \neq 0)$ に対し，次が成り立つ．
> (1) $b \mid 0$.
> (2) $b \mid a$, $|b| > |a|$ ならば，$a = 0$.
> (2′) $b \mid a$, $a \neq 0$ ならば，$|b| \leqq |a|$.
> (3) $b \mid a_1, \cdots, b \mid a_n$ ならば，任意の $x_1, \cdots, x_n \in \mathbb{Z}$ に対して
> $$b \mid a_1 x_1 + \cdots + a_n x_n.$$

証明． (1) $a = bc$ において，$a = 0, c = 0$ の場合である．

(2) の対偶 (2′) $a = bc$ となる $c \in \mathbb{Z}$ が存在し，$a \neq 0$ ならば $c \neq 0$. よって $|c| \geqq 1$ となり
$$|a| = |b||c| \geqq |b|.$$

(3) $a_i = bc_i$ となる $c_i \in \mathbb{Z}\ (1 \leqq i \leqq n)$ が存在することから，
$$a_1 x_1 + \cdots + a_n x_n = bc_1 x_1 + \cdots + bc_n x_n$$
$$= b(c_1 x_1 + \cdots + c_n x_n)$$
と表すことができて，$c_1 x_1 + \cdots + c_n x_n = c$ とおくと，$c \in \mathbb{Z}$ で，
$$a_1 x_1 + \cdots + a_n x_n = bc$$
と表すことができる． □

> **定理 1.2.3** (剰余の定理) $a \in \mathbb{Z}, b \in \mathbb{N}$ に対し，
> $$a = bq + r, \quad 0 \leqq r < b$$
> を満たす $q, r \in \mathbb{Z}$ がただ一組存在する．この q, r をそれぞれ，a を b で割ったときの**商**，**余り**という．

証明． <u>ただ一組であること</u>
$$a = bq_1 + r_1,\ 0 \leqq r_1 < b,$$
$$a = bq_2 + r_2,\ 0 \leqq r_2 < b$$

と 2 通りで表せたとすると，
$$bq_1 + r_1 = bq_2 + r_2$$
であるから
$$r_1 - r_2 = b(q_2 - q_1)$$
となる．このとき，$0 \leqq r_1, r_2 < b$ より，$|r_1 - r_2| < b - 0 = b$. さらに $r = r_1 - r_2, q = q_2 - q_1$ とおくと，$b \in \mathbb{N}$ であることに注意して
$$r = bq, \quad |r| < |b|$$
となる．この式に命題 1.2.2 (2) を適用することにより，$r = 0$，よって $q = 0$ を得る．ゆえに，$r_1 = r_2, q_1 = q_2$ であることがわかる．

<u>存在すること</u> $b \in \mathbb{N}$ であるから，$b = 1$ と $b > 1$ に分けて考える．

まず $b = 1$ のときは，$a = 1q + r, 0 \leqq r < 1$ において，$q = a, r = 0$ ととればよいので，以下で $b > 1$ の場合について考える．$a \in \mathbb{Z}$ であるから，さらに $a = 0, a > 0$ および $a < 0$ に分けて考える．

(i) $a = 0$ のとき： $0 = bq + r, 0 \leqq r < b$ において，$q = r = 0$ ととればよい．

(ii) $a > 0$ のとき： a に関する帰納法で示す．$a = 1$ ならば，$1 = bq + r$, $0 \leqq r < b$ において，$b > 1$ であるから $q = 0, r = 1$ ととればよい．次に $a = bq + r, 0 \leqq r < b$ が成り立つとすると，
$$a + 1 = bq + (r + 1), \quad 0 \leqq r < b$$
となる．$r + 1 < b$ のとき，商を q，余りを $r + 1$ として，$a + 1$ は
$$a + 1 = bq + (r + 1), \quad 0 < (r + 1) < b$$
と表せる．$r + 1 = b$ のとき，商を $q + 1$，余りを 0 として，$a + 1$ は
$$a + 1 = b(q + 1) + 0, \quad 0 \leqq 0 < b$$
と表せる．$r + 1 > b$ の場合はない．

(iii) $a < 0$ のとき： $-a > 0$ であることから，$-a$ は (ii) より $-a = bq + r$, $0 \leqq r < b$ と表せる．よって $a = b(-q) + (-r)$ であるから，さらに変形して
$$a = b(-q - 1) + (b - r), \quad 0 < b - r \leqq b$$

1.2 割り算 (剰余の定理)

となる．$b-r<b$ のとき，商を $-q-1$，余りを $b-r$ として，
$$a = b(-q-1) + (b-r), \quad 0 < (b-r) < b$$
と表せる．$b-r=b$ のとき，商を $-q$，余りを 0 として，
$$a = b(-q) + 0, \quad 0 \leqq 0 < b$$
と表せる．$b-r>b$ の場合はない． □

整数 a が整数 $b\,(\neq 0)$ で割り切れるとき，その商をしばしば
$$a/b$$
と書く．

整数のさまざまな性質を調べるうえで，帰納法の原理と，剰余の定理は非常に大事なツールである．次章以降で整数のさまざまな性質をみていくことになる．

2
約数と倍数

　小学校算数科では，整数の四則計算を身につけたうえで，その活用に取り組む．ただの「数」の扱いだけでなく，それ以外の算数の分野への応用も考えてみる態度も必要である．

2.1　最大公約数とユークリッドの互除法

　2つの整数の公約数，最大公約数は小学校・中学校で行う場合，素因数分解して計算することが多く，簡単に計算できるように感じるかもしれないが，少し数が大きくなると難しいということがわかる．このことが，考えなくても簡単な決まった計算手続きで求められることをみていく．

定義 2.1.1 (最大公約数その 1) $a, b \in \mathbb{Z}$ に対して，$d \mid a, d \mid b$ となる $d \in \mathbb{Z}$ を公約数という．さらに，そのなかで最大の r を最大公約数という．

◆注 **2.1.2**　$d \mid a, d \mid b$ ならば，$-d \mid a, -d \mid b$ であるから，$r > 0$ である．

◎問題 **2.1.3**　次の最大公約数を求めよ．
  (1) 35 と 25   (2) 182 と 273   (3) 391 と 184
  (4) 703 と 851 (5) 2541 と 792   (6) 1333 と 1591

定義 2.1.4 $a, b \in \mathbb{N}$ に対して，剰余の定理から
$$a = q_0 b + r_2, \quad 0 \leqq r_2 < b$$
を満たす $q_0, r_2 \in \mathbb{Z}$ がただ一組存在する．$r_2 \neq 0$ のとき，さらに
$$b = q_1 r_2 + r_3, \quad 0 \leqq r_3 < r_2$$
を満たす $q_1, r_3 \in \mathbb{Z}$ がただ一組存在する．この操作を続けると，$r_1 = b$ とおいて，余りの列
$$r_1 > r_2 > r_3 > \cdots \geqq 0$$
が得られる．このとき，いつかは 0 にいきつくことがわかるので，$r_n > r_{n+1} = 0$ となる n が存在する．このとき，$r_0 = a$ とおくと，
$$r_{n-2} = q_{n-2} r_{n-1} + r_n, \quad 0 < r_n < r_{n-1},$$
$$r_{n-1} = q_{n-1} r_n$$
となる．この r_n を **GCD(a, b)** と書き，r_n を求める操作をユークリッド (Euclid) の互除法という．

◆注 **2.1.5** 上の定義で $a < b$ の場合，
$$a = 0 \cdot b + a, \quad 0 \leqq a < b,$$
$$b = q_1 a + r_3$$
となるので，GCD$(a, b) =$ GCD(b, a) であることがわかる．

○例 **2.1.6** GCD$(1207, 923) = 71$ 　　GCD$(923, 1207) = 71$
$$1207 = 1 \cdot 923 + 284 \qquad 923 = 0 \cdot 1207 + 923$$
$$923 = 3 \cdot 284 + 71 \qquad 1207 = 1 \cdot 923 + 284$$
$$284 = 4 \cdot 71 \qquad 923 = 3 \cdot 284 + 71$$
$$284 = 4 \cdot 71$$

2.1 最大公約数とユークリッドの互除法

定義 2.1.7 (最大公約数その 2) $a, b \in \mathbb{Z}$ に対して，次の条件を満たす r を**最大公約数**という．
(1) $r \in \mathbb{N}$, $r \mid a$, $r \mid b$.
(2) $d \mid a$, $d \mid b$ ならば，$d \mid r$.

◆注 2.1.8 "最大公約数その 1" と "最大公約数その 2" に関して次のことがわかる．
(1) "最大公約数その 1" は，ただ一つ存在することが明らかである．
(2) "最大公約数その 2" は，存在を証明する必要がある．
(3) "最大公約数その 2" は，存在すれば，"最大公約数その 1" になる．

実際 (3) は，次のようにして示すことができる．r を "最大公約数その 2" とすると，a, b の公約数 d に対して，$d \mid r$ で $r > 0$ より，命題 1.2.2 (2′) から $|d| \leqq |r| = r$ が得られるので，r は "最大公約数その 1" と一致する．

以上のことから "最大公約数その 2" の存在を示すことができれば，"最大公約数その 1" と "最大公約数その 2" は一致することがわかる．

定理 2.1.9 $a, b \in \mathbb{N}$ に対し，$\mathrm{GCD}(a, b)$ は a, b の "最大公約数その 2" である．

証明． a, b に対して，ユークリッドの互除法により $n \in \mathbb{N}$ が存在して，次の式が得られる．

$$(\mathrm{A}) \begin{cases} a &= q_0 b + r_2 \\ b &= q_1 r_2 + r_3 \\ & \cdots \\ r_{j-2} &= q_{j-2} r_{j-1} + r_j \\ & \cdots \\ r_{n-2} &= q_{n-2} r_{n-1} + r_n \\ r_{n-1} &= q_{n-1} r_n \end{cases}$$

まず，式 (A) の一番下の式より $r_n \mid r_{n-1}$ で，また $r_n \mid r_n$ であるから，命題 1.2.2 (3) を用いて下から 2 番目の式より $r_n \mid r_{n-2}$ を得る．これと同様の作業を繰り返すことにより，$r_n \mid r_{n-1}, r_n \mid r_{n-2}, \cdots, r_n \mid b, r_n \mid a$ となる．よって，r_n は a,b の公約数であることがわかる．

次に，式 (A) を変形して，次式が得られる．

$$(\mathrm{B}) \begin{cases} r_2 = a - q_0 b \\ r_3 = b - q_1 r_2 \\ \cdots \\ r_j = r_{j-2} - q_{j-2} r_{j-1} \\ \cdots \\ r_n = r_{n-2} - q_{n-2} r_{n-1} \end{cases}$$

a,b の公約数 d に対して，命題 1.2.2 (3) を用いると式 (B) の一番上の式から $d \mid r_2$ であることがわかり，さらに 2 番目の式から $d \mid r_3$ も得られる．これと同様の作業を繰り返すことによって $d \mid r_2, d \mid r_3, \cdots, d \mid r_n$ となる．

以上のことから，$r_n = \mathrm{GCD}(a,b)$ は a,b の "最大公約数その 2" である． □

系 2.1.10 $a,b \in \mathbb{Z}$ に対し，$a \neq 0$ または $b \neq 0$ ならば，a,b の "最大公約数その 2" は**一意的に** (すなわちただ一つ) 存在する．

証明． $a \neq 0$ かつ $b \neq 0$ のとき，$\mathrm{GCD}(|a|,|b|)$ は a,b の "最大公約数その 2" である．$a = 0$ のとき $|b|$ が，$b = 0$ のとき $|a|$ が，それぞれ a,b の "最大公約数その 2" である． □

ここまでの議論により，$a,b \in \mathbb{Z}$ の "最大公約数その 1" と "最大公約数その 2" は一致することがわかった．それゆえ以後，これらを "最大公約数" とよぶことにし，$a,b \in \mathbb{Z}$ の最大公約数を $\mathbf{GCD(a,b)}$ と記すことにする．また $\mathrm{GCD}(a,b) = 1$ のとき，a,b は**互いに素**であるという．

2.1 最大公約数とユークリッドの互除法

命題 2.1.11 $a, b \in \mathbb{Z}$, $r = \mathrm{GCD}(a, b)$ とし, $a = a'r$, $b = b'r$ とおけば, $\mathrm{GCD}(a', b') = 1$ である.

証明. $\mathrm{GCD}(a', b') = d$ とすると, $a' = a''d$, $b' = b''d$ とおくことができ, $a = a''dr$, $b = b''dr$ となる. $dr \mid a$, $dr \mid b$ であるから, 最大公約数の性質 (定義 2.2.2) から $dr \mid r$ となり, $d = 1$. □

◎**問題 2.1.12** $n \in \mathbb{N}$ に対し, $\mathrm{GCD}(na, nb) = n \, \mathrm{GCD}(a, b)$ を示せ.

○**例 2.1.13** (1) $\mathrm{GCD}(24, 36) = 12$

$$
\begin{array}{r|l}
2 & 24, \ 36 \\
2 & 12, \ 18 \\
3 & 6, \ 9 \\
& 2, \ 3
\end{array}
\qquad
\begin{aligned}
\mathrm{GCD}(24, 36) &\\
&= 2\,\mathrm{GCD}(12, 18) \\
&= 2^2\,\mathrm{GCD}(6, 9) \\
&= 2^2 \cdot 3\,\mathrm{GCD}(2, 3) = 12
\end{aligned}
$$

(2) $\mathrm{GCD}(64, 40) = 8$

$$
\begin{array}{r|l}
2 & 64, \ 40 \\
2 & 32, \ 20 \\
2 & 16, \ 10 \\
& 8, \ 5
\end{array}
\qquad
\begin{aligned}
\mathrm{GCD}(64, 40) &\\
&= 2\,\mathrm{GCD}(32, 20) \\
&= 2^2\,\mathrm{GCD}(16, 10) \\
&= 2^3\,\mathrm{GCD}(8, 5) = 8
\end{aligned}
$$

命題 2.1.14 $\mathrm{GCD}(a, b) = 1$, $\mathrm{GCD}(a, c) = 1$ ならば, $\mathrm{GCD}(a, bc) = 1$ である.

証明. $\mathrm{GCD}(a, bc) = d$ とおく. 問題 2.1.12 と $\mathrm{GCD}(a, b) = 1$ より,

$$\mathrm{GCD}(ac, bc) = \mathrm{GCD}(|c|a, |c|b)$$
$$= |c|\,\mathrm{GCD}(a, b)$$
$$= |c|.$$

また, $d \mid a$, $d \mid bc$ より, d は ac, bc の公約数であり, $d \mid |c|$ であることから, $d \mid c$. したがって, $d \mid \mathrm{GCD}(a, c)$ であり, $\mathrm{GCD}(a, c) = 1$ から, $d = 1$. □

◎問題 2.1.15　次の最大公約数を求めよ．

(1) $\mathrm{GCD}(437, 667)$　　(2) $\mathrm{GCD}(899, 1147)$

(3) $\mathrm{GCD}(3071, 3569)$　　(4) $\mathrm{GCD}(5183, 5767)$

(5) $\mathrm{GCD}(10403, 11021)$

◆注 2.1.16　より一般に，$a_1, a_2, \cdots, a_n \in \mathbb{Z}$ に対して，次の条件を満たす r を**最大公約数**という．

(1) $r \in \mathbb{N}, r \mid a_i \ (1 \leqq i \leqq n)$.

(2) $d \mid a_i \ (1 \leqq i \leqq n)$ ならば，$d \mid r$.

◎問題 2.1.17　$a_1, a_2, \cdots, a_n \in \mathbb{Z}$ に対して，
$$\mathrm{GCD}(\cdots(\mathrm{GCD}(\mathrm{GCD}(a_1, a_2), a_3), \cdots, a_n)$$
は，$a_1, a_2, \cdots, a_n$ の最大公約数であることを示せ．これを，
$$\mathrm{GCD}(a_1, a_2, \cdots, a_n)$$
と書く．

2.2　$ax + by = r$ 形の 1 次不定方程式

整数 $a_1, \cdots, a_n, r$ に対して，変数 $x_1, \cdots, x_n \ (n \geqq 2)$ による方程式
$$a_1 x_1 + \cdots + a_n x_n = r$$
を **1 次不定方程式**とよぶ．この方程式を満たす整数解 $x_1, \cdots, x_n$ を求めることを「1 次不定方程式を解く」という．

定理 2.2.1　$a, b \in \mathbb{Z}, r = \mathrm{GCD}(a, b)$ とすれば，$u, v \in \mathbb{Z}$ が存在して，
$$au + bv = r$$
となる．

2.2 $ax+by=r$ 形の1次不定方程式

◆注 2.2.2 命題1.2.2 から，任意の $x, y \in \mathbb{Z}$ に対して，$r \mid ax+by$ である．

第一の証明． $M = \{ax+by \mid x, y \in \mathbb{Z}\}$ とおくとき，a または b は 0 でないので，0 でない M の元が存在する．M の元 $m = ax+by$ に対して，$-m = a(-x) + b(-y)$ も M の元であり，$m < 0$ ならば $-m > 0$ となるので，M の元には自然数が含まれることがわかる．よって $M \cap \mathbb{N} \neq \emptyset$ となり，整数論の公理 1.1.1 から，$\mathbb{N}$ の部分集合 $M \cap \mathbb{N}$ には最小元 $d = ax_0 + by_0$ が存在する．

<u>$M = \{dn \mid n \in \mathbb{Z}\}$ であること</u>　$L = \{dn \mid n \in \mathbb{Z}\}$ とおくと，$L = \{a(x_0 n) + b(y_0 n) \mid n \in \mathbb{Z}\}$ という形なので，$M \supset L$ は明らか．次に，任意の $m \in M$ に対し，剰余の定理から

$$m = qd + d', \quad 0 \leq d' < d$$

を満たす $q, d' \in \mathbb{Z}$ がただ一組存在する．ここで $m = ax+by$ ($x, y \in \mathbb{Z}$) という形なので，

$$d' = m - qd = a(x - x_0 q) + b(y - y_0 q), \quad x - x_0 q, y - y_0 q \in \mathbb{Z}$$

となるから $d' \in M$ である．もし $d' > 0$ ならば $d' \in M \cap \mathbb{N}$ であるから，$0 \leq d' < d$ とあわせると d が $M \cap \mathbb{N}$ の最小元であることに矛盾する．よって $d' = 0$ となる．ゆえに $m \in L$，すなわち $M \subset L$ となり，以上のことから $M = L$．

<u>$d = r$ であること</u>　$a, b \in M = L$ から，$d \mid a, d \mid b$ となる．l を a, b の公約数とすると，命題 1.2.2 (3) より $l \mid ax_0 + y_0$ であるから，$l \mid d$. ゆえに，d は a, b の最大公約数である (定義 2.2.2)．すなわち $d = r$ を得る．

以上のことから，$x_0, y_0 \in \mathbb{Z}$ が存在して，$ax_0 + by_0 = r$ となる．　□

定理 2.2.1 より，$ax + by = r$ 形の1次不定方程式に解が存在することはわかった．次に，具体的に解を求めることを考える．

○例 **2.2.3** 方程式 $41x + 17y = 1$ に対し，41 と 17 のユークリッドの互除法が

$$\begin{cases} 41 = 2 \cdot 17 + 7 \\ 17 = 2 \cdot 7 + 3 \\ 7 = 2 \cdot 3 + 1 \end{cases}$$

となっているので，式変形して，

$$\begin{cases} 41 - 2 \cdot 17 = 7 \quad \cdots (*) \\ 17 - 2 \cdot 7 = 3 \\ 7 - 2 \cdot 3 = 1 \end{cases}$$

となる．式 $41 \cdot 0 + 17 \cdot 1 = 17$ から上の第 1 式 $(*)$ の 2 倍したものを引くと，

$$\begin{array}{r} 41 \cdot 0 + 17 \cdot 1 = 17 \\ -\underline{)\ 41 \cdot 2 + 17 \cdot (-4) = 14} \\ 41 \cdot (-2) + 17 \cdot 5 = 3 \end{array}$$

となる．次に，得られた式 $41 \cdot (-2) + 17 \cdot 4 = 3$ を 2 倍したものを上の第 1 式 $(*)$ から引くと，

$$\begin{array}{r} 41 \cdot 1 + 17 \cdot (-2) = 7 \\ -\underline{)\ 41 \cdot (-4) + 17 \cdot 10 = 6} \\ 41 \cdot 5 + 17 \cdot (-12) = 1 \end{array}$$

となり，$(x, y) = (5, -12)$ が解の一つとわかる．

この例を，一般の場合に適用できるよう，数字の部分を文字に替えて例をみていく．

○例 **2.2.4** 自然数 a, b のユークリッドの互除法が，

$$\begin{cases} a = bq_0 + r_2, \quad 0 < r_2 < b \\ b = r_2 q_1 + r_3, \quad 0 < r_3 < r_2 \\ r_2 = r_3 q_2 + r_4, \quad 0 < r_4 < r_3 \\ r_3 = r_4 q_3 \end{cases}$$

2.2 $ax+by=r$ 形の1次不定方程式

となっていたとする.式を変形して,

$$\begin{cases} a - bq_0 = r_2 \\ b - r_2q_1 = r_3 \\ r_2 - r_3q_2 = r_4. \end{cases}$$

これから,

$$a \cdot 0 + b \cdot 1 = b,$$
$$a - bq_0 = r_2.$$

この2つの式から

$$\begin{array}{r} a \cdot 0 + b \cdot 1 = b \\ -)\ aq_1 - bq_0q_1 = r_2q_1 \\ \hline a(-q_1) + b(1 + q_0q_1) = b - r_2q_1 \end{array}$$

よって,

$$a(-q_1) + b(1 + q_0q_1) = r_3.$$

さらに

$$\begin{array}{r} a - bq_0 = r_2 \\ -)\ a(-q_1)q_2 + b(1 + q_0q_1)q_2 = r_3q_2 \\ \hline a(1 + q_1q_2) - b(q_0 + q_2 + q_0q_1q_2) = r_2 - r_3q_2 \end{array}$$

すなわち,

$$a(1 + q_1q_2) + b(-(q_0 + q_2 + q_0q_1q_2)) = r_4.$$

したがって,$(x,y) = (1 + q_0q_2, -(q_0 + q_2 + q_0q_1q_2))$ は1次不定方程式 $ax+by=r_4$ の解の一つであることがわかる.

この例の解の求め方を一般の場合に拡張するために,ユークリッドの互除法を次の一般化した式のなかで考える.

$$(*)\begin{cases} r_0 = q_0r_1 + r_2 \\ r_1 = q_1r_2 + r_3 \\ \cdots \\ r_n = q_nr_{n+1} + r_{n+2} \\ \cdots \end{cases}$$

> **定理 2.2.5** $r_0 = a, r_1 = b$ として，条件 $(*)$ のもとで，
> (S) $s_0 = 1, s_1 = q_0, s_n = q_{n-1}s_{n-1} + s_{n-2}$ $(n \geqq 2)$
> (T) $t_0 = 0, t_1 = 1, t_n = q_{n-1}t_{n-1} + t_{n-2}$ $(n \geqq 2)$
> とすれば，
> $$a(-1)^{n+1}t_n + b(-1)^n s_n = r_{n+1}$$
> が任意の自然数 n について成り立つ．

証明． $n \geqq 0$ に関する帰納法で示す．
(i) $n = 0, 1$ のとき．
$$a(-1) \cdot 0 + b1 = r_1,$$
$$a(-1)^2 1 + b(-1)q_0 = a - bq_0 = r_2$$
であるから成り立つ．
(ii) $n \geqq 2$ のとき．$k < n$ に対して成り立つとすると (帰納法の原理 $(2')$)
$$a(-1)^{n-1}t_{n-2} + b(-1)^{n-2}s_{n-2} = r_{n-1},$$
$$a(-1)^n t_{n-1} + b(-1)^{n-1}s_{n-1} = r_n$$
が成り立つ．このとき
$$\begin{aligned}
a(-1)^{n+1}t_n + b(-1)^n s_n &= a(-1)^{n+1}(q_{n-1}t_{n-1} + t_{n-2}) \\
&\quad + b(-1)^n (q_{n-1}s_{n-1} + s_{n-2}) \\
&= (a(-1)^{n-1}t_{n-2} + b(-1)^{n-2}s_{n-2}) \\
&\quad - q_{n-1}(a(-1)^n t_{n-1} + b(-1)^{n-1}s_{n-1}) \\
&= r_{n-1} - q_{n-1}r_n \\
&= r_{n+1}
\end{aligned}$$
となり，任意の自然数 n に対して成り立つ． □

2.2　$ax + by = r$ 形の 1 次不定方程式

定理 2.2.1 の第二の証明. 定理 2.2.5 から, $r_n = \text{GCD}(a, b)$ のとき
$$u = (-1)^n t_{n-1}, \quad v = (-1)^{n-1} s_{n-1}$$
とおけば, $au + bv = r_n$ となる.　□

ガウス (Gauss) はこの s_n, t_n を, $s_n = [q_0, \cdots, q_{n-1}], t_n = [q_1, \cdots, q_{n-1}]$ ($n \geqq 1$) と表して計算していた.

定理 2.2.5 を活用するために具体的に s_i, t_i ($i = 1, 2, \cdots, n$) を求めると

$$s_1 = q_0,$$
$$s_2 = q_1 s_1 + s_0 = 1 + q_0 q_1,$$
$$s_3 = q_2 s_2 + s_1 = q_0 + q_2 + q_0 q_1 q_2,$$
$$s_4 = q_3 s_3 + s_2 = 1 + q_0 q_1 + q_0 q_3 + q_2 q_3 + q_0 q_1 q_2 q_3,$$
$$\cdots;$$
$$t_1 = 1,$$
$$t_2 = q_1 t_1 + t_0 = q_1,$$
$$t_3 = q_2 t_2 + t_1 = q_1 q_2 + 1,$$
$$t_4 = q_3 t_3 + t_2 = q_1 q_2 q_3 + q_1 + q_3,$$
$$\cdots$$

となる.

○**例 2.2.6**　(1)　$a = 44, b = 26$ のとき,
$$\begin{cases} 44 = 1 \cdot 26 + 18 \\ 26 = 1 \cdot 18 + 8 \\ 18 = 2 \cdot 8 + 2 \\ 8 = 4 \cdot 2 \end{cases}$$
であるから $\text{GCD}(44, 26) = 2$ より, $44x + 26y = 2$ を満たす整数解を求めよう.

$$\begin{cases} a = q_0 b + r_2 \\ b = q_1 r_2 + r_3 \\ r_2 = q_2 r_3 + r_4 \\ r_3 = q_3 r_4 \end{cases}$$

に対応させてみると, $a(-1)^{n+1}t_n + b(-1)^n s_n = r_{n+1}$ の形において $n=3$ の場合なので, s_3, t_3 を求めればよい. いま, $q_0 = 1, q_1 = 1, q_2 = 2$, よって $s_3 = q_0 + q_2 + q_0 q_1 q_2 = 5, t_3 = q_1 q_2 + 1 = 3$ となるので, $a((-1)^{3+1}t_3) + b((-1)^3 s_3) = r_{3+1}$ から $(x, y) = (3, -5)$ は解の一つであることがわかる.

(2) $a = 107, b = 923$ のとき,

$$\begin{cases} 1207 = 1 \cdot 923 + 284 \\ 923 = 3 \cdot 284 + 71 \\ 284 = 4 \cdot 71 \end{cases}$$

であるから $\mathrm{GCD}(1207, 923) = 71$ より, $1207x + 923y = 71$ を満たす整数解を求めよう.

$$\begin{cases} a = q_0 b + r_2 \\ b = q_1 r_2 + r_3 \\ r_2 = q_2 r_3 \end{cases}$$

に対応させてみると, $a(-1)^{n+1}t_n + b(-1)^n s_n = r_{n+1}$ の形において $n=2$ の場合なので, s_2, t_2 を求めればよい. いま, $q_0 = 1, q_1 = 3$, よって $s_2 = q_1 q_0 + 1 = 4, t_2 = q_1 1 = 3$ となるので, $a((-1)^{2+1}3) + b((-1)^2 4) = r_{2+1}$ から $(x, y) = (-3, 4)$ は解の一つであることがわかる.

次の定理は, 1 次不定方程式のすべての解, すなわち一般解を求めるために必要で, なおかつ, 次章で登場する素数の性質にも関係する重要な定理である.

定理 2.2.7 $a \mid bc$, $\mathrm{GCD}(a, b) = 1$ ならば, $a \mid c$.

2.3 最小公倍数

証明. $\text{GCD}(a,b) = 1$ より，定理 2.2.1 から $au + bv = 1$ を満たす $u, v \in \mathbb{Z}$ が存在する．ここで $a \mid uac$ であり，仮定の $a \mid bc$ から $a \mid vbc$ となるので，命題 1.2.2 (3) より

$$a \mid uac + vbc$$

が成り立ち，$uac + vbc = (au + bv)c = c$ より，$a \mid c$ を得る． □

○**例 2.2.8** (一般解)　前の例 2.2.6 で，$44x + 26y = 2$ の解 $44 \cdot 3 + 26 \cdot (-5) = 2$ を求めた．他の解は，$44x + 26y = 2$ を満たすので差をとると，

$$44(x-3) + 26(y+5) = 0$$

より
$$44(x-3) = -26(y+5).$$

両辺を $\text{GCD}(44, 26) = 2$ で割って，

$$22(x-3) = -13(y+5).$$

命題 2.1.11 より $\text{GCD}(22, 13) = 1$ であるから，定理 2.2.7 から $13 \mid x - 3$．ゆえに，$x = 3 + 13n$ とおけば，$y = -5 - 22n$ となる．ゆえに，一般解は

$$\begin{cases} x = 3 + 13n \\ y = -5 - 22n \end{cases} \quad (n \in \mathbb{Z})$$

となる．

◎**問題 2.2.9**　次の 1 次不定方程式の一般解を求めよ．
 (1) $7x + 4y = 1$　　(2) $18x + 14y = 2$　　(3) $100x + 88y = 4$
 (4) $121x + 154y = 11$　(5) $143x + 117y = 13$

2.3 最小公倍数

2 つの整数の最大公約数における割る／割られる関係を入れ替えて最小公倍数の定義ができる．

2. 約数と倍数

定義 2.3.1 $a, b \in \mathbb{Z}$ $(a \neq 0, b \neq 0)$ に対して, $a \mid l, b \mid l$ となる $l \in \mathbb{Z}$ を**公倍数**という. さらに, 次の条件を満たす l を**最小公倍数**といい, $l = \mathrm{LCM}(a, b)$ と書く.
(1) $l \in \mathbb{N}, a \mid l, b \mid l$.
(2) $a \mid l', b \mid l'$ ならば, $l \mid l'$.

◆**注 2.3.2** $l' \neq 0$ のときは, 命題 1.2.2 (2′) から $l = |l| \leqq |l'|$. すなわち l は, 0 でない公倍数のなかでもっとも小さい自然数である.

定理 2.3.3 $a, b \in \mathbb{N}$ の最小公倍数が存在し,
$$\mathrm{LCM}(a,b) \cdot \mathrm{GCD}(a,b) = ab$$
が成り立つ.

証明. $r = \mathrm{GCD}(a, b)$ とおくと, $a = a'r$, $b = b'r$ と表せるので, $l = a'b'r$ とおく. このとき $lr = ab$ である. 以下で $l = \mathrm{LCM}(a, b)$ であることを示す. まず $l = a'b = ab'$ より, $a \mid l, b \mid l$ である. $a \mid l', b \mid l'$ とすると, $l' = ac = a'rc$, さらに $l' = bd = b'rd$ と表せるので, $a'c = b'd$. 命題 2.1.11 から $\mathrm{GCD}(a', b') = 1$ であるので, 定理 2.2.7 より, $b' \mid c$. ゆえに, $c = b'b''$ とおくことができ, $l' = ac = ab'b'' = lb''$, すなわち $l \mid l'$ となり, l が最小公倍数であることがわかる. □

上の定理によって, 最大公約数が機械的な計算で得られることから, 最小公倍数も機械的に計算できる.

○**例 2.3.4** (1) $\mathrm{LCM}(24, 36) = 24 \cdot 36 / \mathrm{GCD}(24, 36)$
$$= 864/12$$
$$= 72$$

(2) $\quad$ LCM$(64, 40) = 64 \cdot 40 /$ GCD$(64, 40)$
$$= 2560/8$$
$$= 320$$

(3) $\quad$ LCM$(1207, 923) = 1207 \cdot 923 /$ GCD$(1207, 923)$
$$= 1114061/71$$
$$= 15691$$

系 2.3.5 $a, b \in \mathbb{Z}$ $(a \neq 0, b \neq 0)$ に対して，最小公倍数が存在し，
$$\mathrm{LCM}(a, b) = \mathrm{LCM}(|a|, |b|)$$
が成り立つ．

証明． $a, b \in \mathbb{Z}$ $(a \neq 0, b \neq 0)$ に対して，$|a|, |b| \in \mathbb{N}$ より前定理から LCM$(|a|, |b|)$ が存在し，a, b に対しての最大公約数の条件を満たす． $\square$

◎**問題 2.3.6** 次の最小公倍数を求めよ．
(1) LCM$(437, 667)$ $\qquad$ (2) LCM$(899, 1147)$
(3) LCM$(3071, 3569)$ $\qquad$ (4) LCM$(5183, 5767)$
(5) LCM$(10403, 11021)$

2.4 素因数分解 (一意分解定理)

これまで約数，倍数，最大公約数，最小公倍数，1次不定方程式における結果を総合して，はじめて整数の素因数分解を論じることができる．素因数分解は，数を並べる順番を無視すれば誰が行っても同じになるということがわかる．

最初に，基本となる素数の定義，性質を考えていく．

定義 2.4.1 (素数) $\mathbb{N} \ni p$ $(\neq 1)$ が，自然数のなかに 1 と p 以外に約数をもたないとき**素数**という．素数以外の 1 以外の自然数を**合成数**という．

この定義から，素数 p は，任意の $a \in \mathbb{Z}$ に対し，$\mathrm{GCD}(a,p) = 1$ または p である．

◆注 **2.4.2** 自然数の約数の個数を考えると，次のようになる．

自然数	1	素数	合成数
約数の個数	1 個	2 個	3 以上の有限個

○例 **2.4.3** 2 の自然数での約数は $1, 2$ だけであるので素数である．

3 の自然数での約数は $1, 3$ だけであるので素数である．

4 の自然数での約数は $1, 2, 4$ と 3 個あるので合成数である．

6 の自然数での約数は $1, 2, 3, 6$ と 4 個あるので合成数である．

実際に，大きな自然数が素数かどうかを判定するのは難しい．古くから素数をみつけるための**エラトステネスの篩**とよばれる方法がある．

まず，2 は素数で，2 の倍数の $2, 4, 6, 8, 10, 12, 14, \cdots$ を次の素数の候補から除くことができる．次に，そこにでてこない最初の自然数 3 が素数だとわかり，2 と 3 の倍数の $2, 3, 4, 6, 8, 9, 10, 12, 14, 15, \cdots$ を次の素数の候補から除く．すると，そこにでてこない最初の自然数 5 が素数だとわかり，2, 3 と 5 の倍数の $2, 3, 4, 5, 6, 8, 9, 10, 12, 14, 15, \cdots$ を次の素数の候補から除くことができ，次の素数が 7 だとわかる．これを順次行えば，素数を得られる．

~~1~~   2   3   ~~4~~   5   ~~6~~   7   ~~8~~   ~~9~~   ~~10~~
11   ~~12~~   13   ~~14~~   ~~15~~   ~~16~~   17   ~~18~~   19   ~~20~~
~~21~~   ~~22~~   23   ~~24~~   ~~25~~   ~~26~~   ~~27~~   ~~28~~   29   ~~30~~
31   ~~32~~   ~~33~~   ~~34~~   ~~35~~   ~~36~~   37   ~~38~~   ~~39~~   ~~40~~
41   ~~42~~   43   ~~44~~   ~~45~~   ~~46~~   47   ~~48~~   ~~49~~   ~~50~~
~~51~~   ~~52~~   53   ~~54~~   ~~55~~   ~~56~~   ~~57~~   ~~58~~   59   ~~60~~
61   ~~62~~   ~~63~~   ~~64~~   ~~65~~   ~~66~~   67   ~~68~~   ~~69~~   ~~70~~
71   ~~72~~   73   ~~74~~   ~~75~~   ~~76~~   ~~77~~   ~~78~~   79   ~~80~~
~~81~~   ~~82~~   83   ~~84~~   ~~85~~   ~~86~~   ~~87~~   ~~88~~   89   ~~90~~
~~91~~   ~~92~~   ~~93~~   ~~94~~   ~~95~~   ~~96~~   97   ~~98~~   ~~99~~   ~~100~~
$\cdots$

2.4 素因数分解 (一意分解定理)

整数の素因素分解の一意性を考えるうえで，素数が次の性質をもつということが非常に重要である．

定理 2.4.4 素数 p に対し，$p \mid ab$ ならば，$p \mid a$ または $p \mid b$ である．

証明. $p \nmid a$ ならば，$\text{GCD}(a, p) = 1$ となる．定理 2.2.7 から，$p \mid b$. □

定理 2.4.5 (一意分解定理) $\mathbb{N} \ni n \ (> 1)$ は

$$n = p_1^{e_1} p_2^{e_2} \cdots p_r^{e_r}, \quad e_i \in \mathbb{N}, \ p_i \text{ は異なる素数} \quad (1 \leq i \leq r)$$

の形に表される．これを n の**素因数分解**，p_i を**素因数**という．さらに，素因数分解は素因数の順序を無視すれば**一意的** (つまり一通り) である．

証明. 素因数分解が可能であること 命題 $P(n)$ を "$n > 1$ は素因数分解をもつ"とし，n に関する帰納法で示す．

(i) $2 = 2^1$ であるから，2 は素数 2 を用いて表せるので，$P(2)$ は成り立つ．

(ii) $k < n$ の $P(k)$ が成り立つならば，$P(n)$ が成り立つことを示す．

n が素数ならば，$n = n^1$ と表されるので，成立する．そうでない場合，1 と n 以外に約数をもつので，

$$n = n'n'' \quad (1 < n' < n, \ 1 < n'' < n)$$

と表される．帰納法の仮定により，n', n'' は素因数分解できる．ゆえに，n は素因数分解できる．

一意的に分解できること 命題 $Q(n)$ を "$n > 1$ の素因数分解は一通り"とし，n に関する帰納法で示す．

(i) $2 = 2^1$ であるから，$Q(2)$ は成り立つ．

(ii) $k < n$ の $Q(k)$ が成り立つならば，$Q(n)$ が成り立つことを示す．

n が次の 2 通りの素因数分解をもったとする．

$$n = p_1^{e_1} p_2^{e_2} \cdots p_r^{e_r} = q_1^{f_1} q_2^{f_2} \cdots q_s^{f_s}.$$

このとき
$$p_1 \mid q_1^{f_1} q_2^{f_2} \cdots q_s^{f_s}.$$
p_1 は素数より，定理 2.4.4 から，
$$p_1 \mid q_1^{f_1} \quad \text{または} \quad p_1 \mid q_2^{f_2} \cdots q_s^{f_s}.$$
$p_1 \nmid q_1^{f_1}$ ならば，
$$p_1 \mid q_2^{f_2} \text{ または } p_1 \mid q_3^{f_3} \cdots q_s^{f_s}.$$

これを繰り返すと，結局，ある i ($1 \leqq i \leqq s$) が存在して $p_1 \mid q_i^{f_i}$ となる．同様の議論から $p_1 \mid q_i$ となり，$p_1 = q_i$ となる．順序を適当に変えて，$p_1 = q_1$ としてよい．したがって，
$$n' = p_1^{e_1 - 1} p_2^{e_2} \cdots p_r^{e_r} = q_1^{f_1 - 1} q_2^{f_2} \cdots q_s^{f_s} < n.$$

帰納法の仮定により，順序を適当に換えれば $r = s$, $p_i = q_i$, $e_i = f_i$ ($1 \leqq i \leqq r$). よって n の素因数分解は一通りである． □

この一意分解定理によって，素数が無限に存在することがわかる．

定理 2.4.6 (ユークリッドの素数定理) $\mathbb{N}$ のなかに素数は無限個存在する．

証明． 素数が有限個しか存在しないと仮定し，そのすべてを $p_1, p_2, \cdots, p_n$ とする．このとき
$$N = p_1 p_2 \cdots p_n + 1$$
とおくと，この自然数 N はどの素数で割っても 1 余る．これは，一意分解定理 2.4.5 に反する． □

実際の素因数分解はとても難しい．第 4 章で紹介しているように，現代の暗号理論でも "大きい数の素因数分解が難しい" ということが，解読の困難な暗号がつくれる理由の一つになっている．次の問題から，素因数が 100 以下とわかっていても苦労する．

2.4 素因数分解 (一意分解定理)

◎問題 **2.4.7** 次の自然数を素因数分解せよ (ヒント：素因数は 100 以下).
(1) 391   (2) 184   (3) 2541
(4) 792   (5) 23851   (6) 11868

次の定理には有理数がでてくるが，整数 a, b ($b \neq 0$) に対して $\dfrac{a}{b}$ の形の数を有理数とする (定義は第 5 章を参照).

定理 2.4.8 (応用例)　$\mathbb{N} \ni n$ (> 1) の素因数分解が
$$n = p_1^{e_1} p_2^{e_2} \cdots p_r^{e_r}$$
であるとき，次は同値である.
(1) $\sqrt{n}$ は有理数である.
(2) $e_1, e_2, \cdots, e_r$ はすべて偶数である.

証明. (2) $\Rightarrow$ (1)　$e_i = 2f_i$ とおくと，$\sqrt{n} = p_1^{f_1} p_2^{f_2} \cdots p_r^{f_r}$ となり，自然数であるから有理数となる.

(1) $\Rightarrow$ (2)　$\sqrt{n}$ を有理数と仮定すると，$a, b \in \mathbb{N}$ が存在して，
$$\sqrt{n} = \frac{a}{b}$$
と表せる．両辺を 2 乗して，
$$n = \frac{a^2}{b^2},$$
両辺を b^2 倍し
$$nb^2 = a^2$$
を得る．a^2, b^2 の素因数の指数はすべて偶数なので，$e_1, e_2 \cdots, e_r$ はすべて偶数となる. □

○例 **2.4.9**　自然数 n が**平方数**であるとは，$\sqrt{n}$ が自然数となるときをいう．上の定理によって，$\sqrt{2}, \sqrt{3}$ は平方数ではなく，有理数ではない．より一般に，素数 p に対し $\sqrt{p}$ は有理数でないことがわかる．

2.5 ピタゴラス数

自然数の素因数分解の一意性を使うことによって，いろいろな自然数の性質を調べることができる．この節では，ピタゴラス (Pythagoras) の定理を満たす自然数について述べる．

定義 2.5.1 $a^2 + b^2 = c^2$ を満たす自然数の組 (a, b, c) を**ピタゴラス数**という．

◆**注 2.5.2** ここで a, b, c はすべて異なる数である．

補題 2.5.3 ピタゴラス数 (a, b, c) に対して，a, b, c の中で，2つの数の公約数が d のとき，d は残りの数を割り切る．

証明． a, b の公約数を d (a, c の公約数を d) とすると，$a = a'd$, $b = b'd$ ($a = a'd$, $c = c'd$) とおくことができる．このとき，

$$c^2 = (a'd)^2 + (b'd)^2 = (a'^2 + b'^2)d^2$$

(または $b^2 = (c'd)^2 - (a'd)^2 = (c'^2 - a'^2)d^2$)

より，$d \mid c$ (または $d \mid b$). □

定義 2.5.4 a, b, c のどの 2 数も互いに素であるピタゴラス数 (a, b, c) を，**既約ピタゴラス数**という．

◆**注 2.5.5** 補題 2.5.3 より，ピタゴラス数 (a, b, c) において，$\mathrm{GCD}(a, b) = 1$, $\mathrm{GCD}(a, c) = 1$, $\mathrm{GCD}(b, c) = 1$ は同値である．

補題 2.5.6 (a, b, c) が既約ピタゴラス数のとき，a, b は偶数と奇数の組で，c は奇数となる．

2.5 ピタゴラス数

証明． 仮定から，a, b は偶数と奇数の組か，奇数と奇数の組のどちらかである．偶数と奇数の組のときは，例えば $a = 2m, b = 2n - 1$ とおくことができて，

$$c^2 = a^2 + b^2$$
$$= (2m)^2 + (2n-1)^2$$
$$= 4(m^2 + n^2 - n) + 1.$$

よって c は奇数である．

もし奇数と奇数の組とすると，$a = 2m - 1, b = 2n - 1$ とおくことができ，

$$c^2 = a^2 + b^2$$
$$= (2m-1)^2 + (2n-1)^2$$
$$= 4(m^2 - m - n + n^2) + 2.$$

これから c は偶数となるが，4 で割り切れないので矛盾する． □

以下では，既約ピタゴラス数 (a, b, c) を (奇数, 偶数, 奇数) の組とする．

補題 2.5.7 自然数 a, b, c が $a^2 = bc$ を満たすとする．もし，$\mathrm{GCD}(b, c) = 1$ ならば，互いに素な自然数の組 s, t が存在して，$b = s^2, c = t^2$ となる．

証明． a の素因数分解 $a = p_1^{e_1} p_2^{e_2} \cdots p_r^{e_r}$ を考えると，

$$a^2 = (p_1^{e_1} p_2^{e_2} \cdots p_r^{e_r})^2 = p_1^{2e_1} p_2^{2e_2} \cdots p_r^{2e_r}$$

となる．$a = bc$ で $\mathrm{GCD}(b, c) = 1$ から，もし $p_i \mid b$ ならば，$p_i^{2e_i} \mid b$ となるので，適当に $p_1, p_2, \cdots, p_r$ の順序を換えれば，$1 \leqq s \leqq r$ となる s が存在して，

$$b = p_1^{2e_1} p_2^{2e_2} \cdots p_s^{2e_s},$$
$$c = p_{s+1}^{2e_{s+1}} p_{s+2}^{2e_{s+2}} \cdots p_r^{2e_r}$$

と表される．$s = p_1^{2e_1} p_2^{2e_2} \cdots p_s^{2e_s}, t = p_{s+1}^{e_{s+1}} p_{s+2}^{e_{s+2}} \cdots p_r^{e_r}$ とおけば，$b = s^2$, $t = t^2$ となる． □

次の定理において，具体的な既約ピタゴラス数のつくり方を与える．表記上，分数の形を使うが実際は自然数を与えている．

> **定理 2.5.8** すべての既約ピタゴラス数 (a, b, c) は，
> $$a = st, \quad b = \frac{s^2 - t^2}{2}, \quad c = \frac{s^2 + t^2}{2}$$
> と表される．ここで s, t $(s > t \geqq 1)$ は互いに素な奇数の組である．

証明． ピタゴラス数の式から，
$$a^2 + b^2 = c^2. \quad \cdots\cdots ①$$
b^2 を右辺に移項し，右辺を因数分解すると
$$a^2 = c^2 - b^2$$
$$= (c+b)(c-b) \quad \cdots\cdots ②$$
となる．a, b, c は奇数，偶数，奇数の組合せなので $c+b$ と $c-b$ はともに奇数である．$d = \mathrm{GCD}(c+b, c-b)$ とすると，命題 1.2.2 (3) より $d \mid (c+b)+(c-b)$ すなわち $d \mid 2c$ となり，$d \mid (c+b)-(c-b)$ すなわち $d \mid 2b$ となる．d は奇数なので，$d \mid c$, $d \mid b$ となり，$d \mid \mathrm{GCD}(b, c)$．$(a, b, c)$ が既約ピタゴラス数であることから $\mathrm{GCD}(b, c) = 1$，したがって $d = 1$ となる．補題 2.5.7 により，互いに素な奇数の組 s, t が存在して
$$c + b = s^2, \quad c - b = t^2$$
となる．ゆえに
$$c = \frac{s^2 + t^2}{2}, \quad b = \frac{s^2 - t^2}{2}.$$
これを ② の式に代入すると，$a = st$ を得る． □

◆**注 2.5.9** s, t のとり方は一通りでない．例えば $105^2 + b^2 = c^2$ の場合を考えると，$a = 105 = 3 \cdot 5 \cdot 7$ で，
$$a = st = 15 \cdot 7, \quad 21 \cdot 5, \quad 35 \cdot 3, \quad 105 \cdot 1$$
の組合せがある．このとき

2.5 ピタゴラス数

s	t	$\dfrac{s^2-t^2}{2}$	$\dfrac{s^2+t^2}{2}$
15	7	$88\ (=2^3\cdot 11)$	$137\ (=137^1)$
21	5	$208\ (=2^4\cdot 13)$	$233\ (=233^1)$
35	3	$608\ (=2^5\cdot 19)$	$617\ (=617^1)$
105	1	$5512\ (=2^3\cdot 13\cdot 53)$	$5513\ (=37\cdot 149)$

となる．よって，$a=105$ の既約ピタゴラス数 (a,b,c) として，

$$(105,b,c)=(105,88,137),(105,208,233),$$
$$(105,608,617),(105,5512,5513)$$

が得られる．

○例 **2.5.10** (1) $x^2+8^2=z^2$ を満たす既約ピタゴラス数を求める．定理 2.5.8 より

$$8=\frac{s^2-t^2}{2},$$

両辺を 2 倍し，右辺を因数分解すると

$$16=s^2-t^2$$
$$=(s+t)(s-t).$$

ここで，$16=16\cdot 1, 8\cdot 2, 4\cdot 4$ などと表せるが，s,t は互いに素な奇数である $(s>t\geqq 1)$．したがって $s+t=8, s-t=2$ のときだけ存在する．このとき $s=5, t=3$ で，$st=15$，$\dfrac{s^2+t^2}{2}=17$ となり，$(x,y,z)=(15,8,17)$．

(2) $x^2+y^2=65^2$ を満たす既約ピタゴラス数は

$$65=\frac{s^2+t^2}{2},$$

両辺を 2 倍し

$$130=s^2+t^2.$$

ここで s,t は互いに素な奇数 $(s>t\geqq 1)$ であることから，

t	t^2	$s^2 = 130 - t^2$	s
1	1	129	自然数でない
3	9	121	11
5	25	105	自然数でない
7	49	81	9

となる．したがって，$(s, t) = (11, 3), (9, 7)$ のとき存在する．

s	t	st	$\dfrac{s^2 - t^2}{2}$
11	3	33	56
9	7	63	16

よって，$(x, y, z) = (33, 56, 65), (63, 16, 65)$．

◎問題 **2.5.11** 次の式を満たす既約ピタゴラス数をすべて求めよ．

(1) $x^2 + 12^2 = z^2$ (2) $x^2 + 20^2 = z^2$
(3) $x^2 + y^2 = 85^2$ (4) $x^2 + y^2 = 125^2$

一般の $x^n + y^n = z^n$ についても自然数解があるかが考察され，フェルマー (Fermat) が以下の定理を証明したと手紙に書いた．その後360年近くにわたり，誰もこの定理を証明できなかった．これがいわゆる"フェルマーの最終定理"で，1995年にアンドリュー・ワイルズ (Andrew John Wiles) によって解決された．

定理 **2.5.12** (フェルマーの最終定理) 自然数 $n \geqq 3$ に対して，
$$x^n + y^n = z^n$$
を満たす自然数解は存在しない．

ここでは，$n = 4$ の場合に定理を示しておこう．そのために定理 2.5.8 を次の形にしておく．

2.5 ピタゴラス数

定理 2.5.13 すべての既約ピタゴラス数 (a, b, c) は,
$$a = u^2 - v^2, \quad b = 2uv, \quad c = u^2 + v^2$$
と表される. ここで u, v は互いに素な自然数である.

証明. 定理 2.5.8 から, s, t $(s > t \geqq 1)$ は互いに素な奇数の組で
$$a = st, \quad b = \frac{s^2 - t^2}{2}, \quad c = \frac{s^2 + t^2}{2}$$
と表される. $u = \dfrac{s+t}{2}$, $v = \dfrac{s-t}{2}$ とおき, $\mathrm{GCD}(u, v) = d$ とすると $d \mid u+v = s$, $d \mid u-v = t$ から $d \mid \mathrm{GCD}(s,t) = 1$ となり $d = 1$ が成り立つ. このとき, $a = u^2 - v^2, b = 2uv, c = u^2 + v^2$ となる. □

定理 2.5.14 次の式
$$x^4 + y^4 = z^4$$
を満たす自然数解は存在しない.

証明. $x^4 + y^4 = z^4$ の代わりに, $x^4 + y^4 = z^2$ を満たす自然数解がないことを示せばよい. もし解が存在したとすると, $\mathrm{GCD}(x^2, y^2, z) = 1$ となる解が存在する. 定理 2.5.13 から,
$$x^2 = u^2 - v^2,$$
$$y^2 = 2uv,$$
$$z = u^2 + v^2$$
を満たす互いに素な自然数 u, v が存在する. このとき, $x^2 + v^2 = u^2$ で, 補題 2.5.3 から $\mathrm{GCD}(x, v) = 1$ より, u が奇数, v が偶数とわかる. したがって, $v = 2w$ とおくことができ, $\left(\dfrac{y}{2}\right)^2 = uw$ となり, 補題 2.5.7 から, 互いに素な自然数 a, b で $u = a^2$, $w = b^2$ を満たすものが存在する. $x^2 = u^2 - v^2 = a^4 - (2b^2)^2$ から,
$$x^2 + (2b^2)^2 = a^4.$$

$\mathrm{GCD}(x,2)=1$, $\mathrm{GCD}(x,b)=1$ から，$\mathrm{GCD}(x,2b^2)=1$ となり，ふたたび定理 2.5.13 より，
$$x = h^2 - k^2,$$
$$2b^2 = 2hk,$$
$$a^2 = h^2 + k^2$$
を満たす，互いに素な自然数 h, k が存在する．よって，$b^2 = hk$ と補題 2.5.7 から $h = l^2$, $k = m^2$ を満たす互いに素な自然数が存在する．このとき $l^4 + m^4 = a^2$ となる．$a < a^4 + v^2 = z$ となるので，いくらでも小さい自然数解が存在することになり，これは矛盾である． □

◆注 **2.5.15** この証明方法を**無限降下法**という．

2.6 ピタゴラスの定理

この節ではピタゴラス数に関連し，平面上の直角三角形に関する有名な定理について述べる．

定理 2.6.1 (ピタゴラスの定理)　平面上の直角三角形において，直角を挟む 2 辺の長さが a, b で，斜辺の長さが c のとき，
$$a^2 + b^2 = c^2$$
が成り立つ．

さまざまな証明がこの定理には与えられている．

一つの方法として，直角三角形を構成するそれぞれの線分を一辺とする正方形を作成するとき (図 2.1)，関係式 $a^2 + b^2 = c^2$ は直角を挟む辺を一辺とする正方形の面積 a^2 と b^2 の和が斜辺を一辺とする正方形の面積 c^2 に等しいということを示している．

このような観点から次の証明を与える．

2.6 ピタゴラスの定理

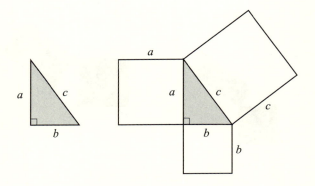

図 2.1 直角三角形とその各辺上に作った正方形

証明. ∠C を直角とする直角三角形 ABC において，図 2.2 のように各辺を一辺とする正方形 ACGF, CBKH, ADEB を作り，点 C から直線 AB, 直線 DE に下ろした垂線の足をそれぞれ M, L とする．

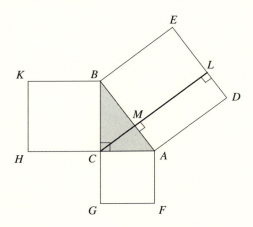

図 2.2 直角三角形 ABC とその辺上に作った正方形

このとき<u>正方形 ACGF</u> と<u>長方形 ADLM</u> の面積は等しいこと，および<u>正方形 CBKH</u> と<u>長方形 MLEB</u> の面積は等しいことを示す (図 2.3).

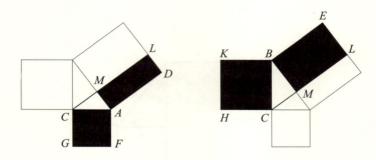

図 2.3　左図：正方形 $ACGF$ と 長方形 $ADLM$
　　　　右図：正方形 $CBKH$ と 長方形 $MLEB$

はじめに 正方形 $ACGF$ と 長方形 $ADLM$ の面積は等しいことを示す．まず，底辺 FA を共有する 三角形 ACF と 三角形 ABF は高さが等しいので面積が等しい (図 2.4)．

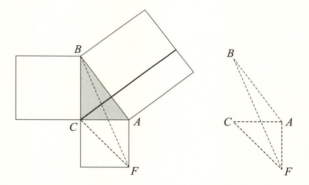

図 2.4　底辺 FA で高さが等しい 三角形 ACF と 三角形 ABF

また，三角形 ABF と 三角形 ADC は線分 AB の長さと AD の長さが等しく，FA の長さと CA の長さが等しく，$\angle BAF = \angle DAC$ であることから合同な三角形であることがわかり，よってこれらの面積は等しい (図 2.5)．

2.6 ピタゴラスの定理

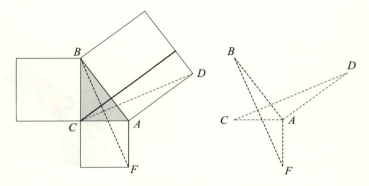

図 2.5 合同な三角形 ABF と三角形 ADC

さらに，底辺 AD を共有する三角形 ADC と三角形 ADM は高さが等しいので面積が等しい (図 2.6).

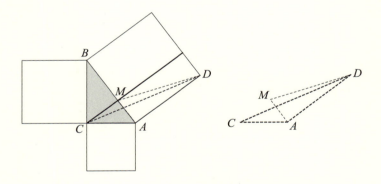

図 2.6 底辺 AD で高さが等しい三角形 ADC と三角形 ADM

以上のことから，三角形 ACF と三角形 ADM の面積は等しいことがわかる．よって正方形 $ACGF$ と長方形 $ADLM$ の面積は等しい (図 2.7).

同様にして，正方形 $CBKH$ と長方形 $MLEB$ の面積は等しいことが示せるので，正方形 $ACGF$ の面積と正方形 $CBKH$ の面積の和は正方形 $ADEB$ の面積に等しいことがわかる．よって線分 AB の長さを c，BC の長さを a，CA の長さを b とするとき，$a^2 + b^2 = c^2$ が成り立つ． □

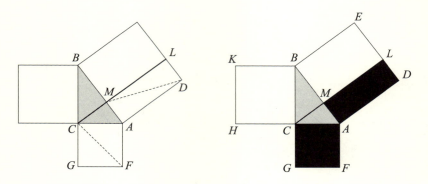

図 2.7 面積が等しい <u>正方形 $ACGF$</u> と <u>長方形 $ADLM$</u>

◎**問題 2.6.2** ピタゴラスの定理の別証明を与えよ.

◎**問題 2.6.3** すべての辺の長さが自然数になる直角三角形をいくつか求め，図示せよ.

3
余りの世界

　この章では，"余り"という概念を用いて整数の合同を考える．整数をこのように扱うことによって，身のまわりのさまざまな場面で整数を用いた仕組みが使われていることが実感できる．

3.1 合同式

　まず整数全体の集合 $\mathbb{Z}$ において，2つの整数の間に"合同"という関係を次のように定義する．

定義 3.1.1 最初に自然数 k を1つ定める．このとき，$a, b \in \mathbb{Z}$ に対して，a と b が k を法として合同であるとは，
$$k \mid a - b$$
を満たすときをいい，
$$a \equiv b \pmod{k}$$
と書く．剰余の定理 1.2.3 から，これは "a と b を k で割ったときの余りが同じ" ことと同値である．

○**例 3.1.2** $k = 3$ の場合に，$7 \equiv 16 \pmod{3}$，$8 \equiv -4 \pmod{3}$．

"k を法とする合同" は，次の同値関係を満たす．

(1) $a \equiv a \pmod{k}$. 　　（反射律）

(2) $a \equiv b \pmod{k} \Longrightarrow b \equiv a \pmod{k}$. 　　（対称律）

(3) $a \equiv b \pmod{k}, b \equiv c \pmod{k} \Longrightarrow a \equiv c \pmod{k}$. 　　（推移律）

定理 3.1.3 (A) $a \equiv b \pmod{k}, c \equiv d \pmod{k}$ のとき，次が成り立つ．

(1) $a \pm c \equiv b \pm d \pmod{k}$．

(2) $ac \equiv bd \pmod{k}$．

(3) $a^n \equiv b^n \pmod{k}$ $(n \in \mathbb{N})$．

(B) $ac \equiv bc \pmod{k}$, $\mathrm{GCD}(c, k) = 1$ ならば， $a \equiv b \pmod{k}$．

証明． (A) 条件から $k \mid a-b, k \mid c-d$ である．

(1) $(a-b) \pm (c-d) = (a \pm c) - (b \pm d)$ であり，よって $k \mid (a \pm c) - (b \pm d)$ である．

(2) $a(c-d) + (a-b)d = ac - bd$ であり，よって $k \mid ac - bd$ である．

(3) (2) の結果を繰り返し用いることにより得られる．

(B) $k \mid ac - bc$ で $ac - bc = (a-b)c$, $\mathrm{GCD}(c, k) = 1$ より，命題 2.2.7 から $k \mid a - b$, ゆえに $a \equiv b \pmod{k}$. 　　□

○**例 3.1.4** (応用例) (1) $10 \equiv 1 \pmod{3}$ より，定理 3.1.3 (A) の (3) から $n \in \mathbb{N}$ に対して，$10^n \equiv 1 \pmod{3}$. また $m \in \mathbb{N}$ に対して，$m \equiv m \pmod{3}$ であるから，(A) の (2) から $m \cdot 10^n \equiv m \cdot 1 \pmod{3}$. よって (A) の (1) から

$$12345 = 1 \cdot 10^4 + 2 \cdot 10^3 + 3 \cdot 10^2 + 4 \cdot 10 + 5$$

$$\equiv 1 + 2 + 3 + 4 + 5 \pmod{3}$$

$$\equiv 0 \pmod{3}.$$

この例は，12345 を構成する数字の合計 $(1+2+3+4+5=15)$ が 3 で割り切れるので，12345 は 3 で割り切れることを示している．

(2) $10 \equiv 3 \pmod{7}$ から，$10^2 \equiv 3^2 \equiv 2 \pmod{7}$, $10^3 \equiv 3 \cdot 2 \equiv 6 \equiv -1 \pmod{7}$. よって

3.1 合同式

$$10^{3n} \equiv (-1)^n \pmod{7}$$

となる.

◎**問題 3.1.5** 1でない奇数 $n \in \mathbb{N}$ に対して，次は素数でないことを示せ．

(1) $10^n + 1$ (2) $10^{2n} + 1$

○**例 3.1.6** (応用例) 非負整数 m, r ($m > 1$) に対して，$m^r + 1$ が素数だとすると，$r = 2^n$ を満たす自然数 n が存在する．実際，$r = 2^n k$, $\mathrm{GCD}(2, k) = 1$ となる自然数 n, k がある．すると k は奇数なので，

$$m^{2^n} \equiv -1 \pmod{m^{2^n} + 1}$$
$$(m^{2^n})^k \equiv (-1)^k \pmod{m^{2^n} + 1}$$
$$m^{2^n k} \equiv -1 \pmod{m^{2^n} + 1}$$
$$m^{2^n k} + 1 \equiv 0 \pmod{m^{2^n} + 1},$$

すなわち，$m^{2^n k} + 1$ は $m^{2^n} + 1$ の倍数となる．ゆえに，$k = 1$ となる．ここで，$2^{2^n} + 1$ 形の素数を**フェルマー素数**という．

$$2^{2^0} + 1 = 3,$$
$$2^{2^1} + 1 = 5,$$
$$2^{2^2} + 1 = 17,$$
$$2^{2^3} + 1 = 257,$$
$$2^{2^4} + 1 = 65537$$

がフェルマー素数として知られており，これ以外に存在するかはわかっていない．また，素数 p に対して正 p 角形をコンパスと定規で作図できるのは，p がフェルマー素数の場合に限られることも知られている．

3.2 応用：ISBN 番号

番号の入力が合っているか確かめるためにもとの番号に追加する**検査数字** (Check Digit) というものがある．われわれが普段それを目にするのは本についている ISBN 番号である．

定義 3.2.1 ISBN-10 番号とは，10 桁の数字
$$a_1 a_2 a_3 a_4 a_5 a_6 a_7 a_8 a_9 c$$
で表され，条件が，$a_1, \cdots, a_9$ は $0, \cdots, 9$ の整数であり，c は
$$0 \equiv c + \sum_{i=1}^{10} (11-i) a_i \pmod{11},$$
$$c \equiv -a_1 \cdot 10 - a_2 \cdot 9 - a_3 \cdot 8 - a_4 \cdot 7 - a_5 \cdot 6$$
$$\quad - a_6 \cdot 5 - a_7 \cdot 4 - a_8 \cdot 3 - a_9 \cdot 2 \pmod{11}$$
で決まる．ただし，10 は X と表記される．

定義 3.2.2 ISBN-13 番号とは，13 桁の数字
$$b_1 b_2 b_3 a_1 a_2 a_3 a_4 a_5 a_6 a_7 a_8 a_9 d$$
で表され，$(b_1 b_2 b_3) = (978), (979)$，$a_1, \cdots, a_9$ は $0, \cdots, 9$ の整数であり，d は
$$0 \equiv d + b_1 \cdot 1 + b_2 \cdot 3 + b_3 \cdot 1 + a_1 \cdot 3 + a_2 \cdot 1$$
$$\quad + a_3 \cdot 3 + a_4 \cdot 1 + a_5 \cdot 3 + a_6 \cdot 1 + a_7 \cdot 3$$
$$\quad + a_8 \cdot 1 + a_9 \cdot 3 \pmod{10},$$
$$d \equiv -b_1 \cdot 1 - b_2 \cdot 3 - b_3 \cdot 1 - a_1 \cdot 3 - a_2 \cdot 1$$
$$\quad - a_3 \cdot 3 - a_4 \cdot 1 - a_5 \cdot 3 - a_6 \cdot 1 - a_7 \cdot 3$$
$$\quad - a_8 \cdot 1 - a_9 \cdot 3 \pmod{10}$$
で決まる．

◆**注 3.2.3** 定義 3.2.1, 3.2.2 にでてくる c, d が ISBN 番号を確認する検査数字である．

3.2 応用：ISBN 番号

◯例 **3.2.4** (1) "初等整数論講義 (第 2 版)" (高木貞治 著)

ISBN-10: 432001001**9**

ISBN-13: 9784320010017

$$\begin{aligned}
c &\equiv -4\cdot 10 - 3\cdot 9 - 2\cdot 8 - 0\cdot 7 - 0\cdot 6 - 1\cdot 5 - 0\cdot 4 \\
&\quad - 0\cdot 3 - 1\cdot 2 \pmod{11} \\
&\equiv -90 \pmod{11} \\
&\equiv 9 \pmod{11}, \\
d &\equiv -9\cdot 1 - 7\cdot 3 - 8\cdot 1 - 4\cdot 3 - 3\cdot 1 \\
&\quad - 2\cdot 3 - 0\cdot 1 - 0\cdot 3 - 1\cdot 1 - 0\cdot 3 \\
&\quad - 0\cdot 1 - 1\cdot 3 \pmod{10} \\
&\equiv -63 \pmod{10} \\
&\equiv 7 \pmod{10}
\end{aligned}$$

(2) "岩波数学辞典" (日本数学会編集)

ISBN-10: 400080309**3**

ISBN-13: 978-400080309**0**

$$\begin{aligned}
c &\equiv -4\cdot 10 - 0\cdot 9 - 0\cdot 8 - 0\cdot 7 - 8\cdot 6 - 0\cdot 5 - 3\cdot 4 \\
&\quad - 0\cdot 3 - 9\cdot 2 \pmod{11} \\
&\equiv -118 \pmod{11} \\
&\equiv 3 \pmod{11}, \\
d &\equiv -9\cdot 1 - 7\cdot 3 - 8\cdot 1 - 4\cdot 3 - 0\cdot 1 \\
&\quad - 0\cdot 3 - 0\cdot 1 - 8\cdot 3 - 0\cdot 1 - 3\cdot 3 \\
&\quad - 0\cdot 1 - 9\cdot 3 \pmod{10} \\
&\equiv -110 \pmod{10} \\
&\equiv 0 \pmod{10}
\end{aligned}$$

◎問題 **3.2.5** 次の ISBN の最後の数字 c_1, d_1, c_2, d_2 を求めよ．

(1) 座標幾何学——古典的解析幾何学入門

　　　ISBN-10: $481719268c_1$　　ISBN-13: $978\text{-}481719268d_1$

(2) 座標幾何学演習

　　　ISBN-10: $481719308c_2$　　ISBN-13: $978\text{-}481719308d_2$

3.3 応用：曜日計算

検索サイトで「〇年△月□日　曜日」と検索すると，それが過去であっても未来であっても，その年月日の曜日を教えてくれる．これは実際にあるカレンダーを調べているわけではなく，公式を使って計算し，曜日を答えているのである．曜日を求める方法は素朴で，曜日を知りたい年月日が曜日のわかっている年月日から数えて何日後になるかを調べて曜日を求めればよい．しかも，曜日を求める公式は四則演算だけで計算ができるので，小学生にも曜日を求めることができるのである．

この節では，Y 年 M 月 D 日の曜日を Y, M, D の 3 つの値から求める公式をつくってみよう．ただし，説明の都合上，1600 年 3 月 1 日以降の曜日を考えることにする．

まずはウォーミングアップで，次の問題を考えてみよう．

問 1.　今日を水曜日としたとき，100 日後は何曜日か．

一週間は 7 日なので，7 の倍数日後は水曜日である．そこで，100 を 7 で割ってみる．$100 = 7 \cdot 14 + 2$ なので，100 日後は $7 \cdot 14$ 日後のさらに 2 日後である．$7 \cdot 14$ 日後は水曜日なので，その 2 日後は金曜日，つまり 100 日後は金曜日となる．同様にして，100 日前の曜日も考えてみよう．

問 2.　今日を水曜日としたとき，100 日前は何曜日か．

今度は -100 を 7 で割ってみる．$-100 = 7 \cdot (-15) + 5$ なので，100 日前は $7 \cdot 15$ 日前の 5 日後である．$7 \cdot 15$ 日前は水曜日なので，その 5 日後は月曜日，つまり 100 日前は月曜日となる．

このことから，基準となる日から n 日後が何曜日になるかは，n を 7 で割った余りから簡単に知ることができる．ただし，負の数 n に対しては，n 日後を $|n|$ 日前とみなすことにする．これらのことを合同式を用いて表すと，次のようになる．

命題 3.3.1　$n \equiv r \pmod{7}$ のとき，n 日後の曜日と r 日後の曜日は同じである．

3.3 応用：曜日計算　　　　　　　　　　　　　　　　　　　　　51

証明. $n \equiv r \pmod{7}$ より，$n - r = 7m$ となる $m \in \mathbb{Z}$ がある．よって，n 日後は $7m$ 日後のさらに r 日後なので，n 日後の曜日と r 日後の曜日は同じである． □

この命題により，Y 年 M 月 D 日が 1600 年 3 月 1 日から数えて何日後になるのかを求める公式と 1600 年 3 月 1 日の曜日がわかれば，割り算をするだけで曜日を求めることができる．以降は，そのような公式と曜日を考えていこう．

まずは，公式に現れる**ガウス記号**を紹介する．

定義 3.3.2 (ガウス記号) 実数 s に対して，s 以下の整数で最大のものを $[s]$ と表す．つまり，$n \leqq s < n + 1$ となる整数 n が $[s]$ である．

○**例 3.3.3**　$[3.6] = 3$, $[-3.6] = -4$, $[5] = 5$.

ガウス記号の性質を 2 つ紹介する．

補題 3.3.4 実数 s と $a \in \mathbb{Z}$, $b \in \mathbb{N}$ に対し，
(1) $[s + a] = [s] + a$.
(2) a を b で割ったときの商は $[a/b]$ である．

証明. (1) ガウス記号の定義より，$[s] \leqq s < [s] + 1$ である．この不等式に整数 a を加えると，
$$[s] + a \leqq s + a < [s] + a + 1.$$
よって，$[s]+a$ は $s+a$ 以下の整数で最大のものである．つまり，$[s+a] = [s]+a$ が成り立つ．

(2) a を b で割ったときの商を q，余りを r とすると，剰余の定理 1.2.3 より，$a = bq + r$, $0 \leqq r < b$．これを変形していくと，
$$0 \leqq a - bq < b,$$

$$bq \leqq a < bq + b,$$
$$q \leqq a/b < q + 1.$$

よって，$q = [a/b]$ である． □

◎問題 **3.3.5** 3 以上かつ 14 以下の自然数 M に対して，$[(3M-7)/5]$ の値を求めよ．

次に，1600 年 3 月 1 日から $(1600 + X)$ 年 3 月 1 日までの日数を数える．閏年のルールとの関係から，便宜上，1600 年 3 月 1 日を基準にしている．ところで，閏年のルールは「4 年に一度」のルールだけでなく，さらに 2 つのルールを導入している国と地域が多い．このルールによる暦は，**グレゴリオ暦**や新暦などとよばれていて，1592 年 10 月 15 日以降，次のように定められている．

閏年のルール

(1) 西暦が 4 の倍数の年は閏年とする．
(2) (1) であっても，西暦が 100 の倍数の年は閏年を休む．
(3) (2) であっても，西暦が 400 の倍数の年は閏年とする．

これらのルールは地球が太陽のまわりを一周する時間が 365 日より少し長いことから生じていて，3200 年頃になると新たなルールが必要になる可能性が高い．なので，あまり遠い未来の曜日は考えないことにしておく．

では，上の 3 つのルールのもとで次の命題を示そう．

命題 3.3.6 $(1600 + X)$ 年 3 月 1 日は 1600 年 3 月 1 日から数えて，
$$(365X + [X/4] - [X/100] + [X/400]) \text{ 日後}$$
である．

証明． もし閏年のルールがなければ，$(1600 + X)$ 年 3 月 1 日は 1600 年 3 月 1 日から $365X$ 日後である．

次に，閏年のルール (1) だけを適用すると，4 の倍数の年には 2 月 29 日があ

3.3 応用：曜日計算

るので，その年の日数を 1 日増やさなければならない．そこで，X を 4 で割ったときの商を q_1, 余りを r_1 とすれば,

$$1600 + X = 1600 + 4q_1 + r_1.$$

よって，1600 年 3 月 1 日から $(1600+X)$ 年 3 月 1 日の間で 2 月 29 日がある年は，$1604, 1608, \cdots, 1600 + 4q_1$ で，q_1 回あることがわかる．つまり，$(1600+X)$ 年 3 月 1 日は 1600 年 3 月 1 日から

$$(365X + q_1) \text{日後}$$

となる．

閏年のルール (2) と (3) に関しても同様に考えて，X を 100 で割ったときの商を q_2, 400 で割ったときの商を q_3 とすれば，$(1600+X)$ 年 3 月 1 日は 1600 年 3 月 1 日から

$$(365X + q_1 - q_2 + q_3) \text{日後}$$

となる．ところで，補題 3.3.4 より，$q_1 = [X/4], q_2 = [X/100], q_3 = [X/400]$ である．

これらを上の式に代入すれば，命題の式が得られる． □

◆注 **3.3.7** 上の命題の証明で，1600 が 4 の倍数，100 の倍数，400 の倍数であることを使っている．

今度は，Y 年 3 月 1 日から Y 年 M 月 1 日までの日数を数える．場合分けをなくすため，

$$Y \text{ 年 1 月を } (Y-1) \text{ 年 13 月},$$
$$Y \text{ 年 2 月を } (Y-1) \text{ 年 14 月}$$

と表記することにする．では，次の命題を示そう．

命題 3.3.8 $3 \leqq M \leqq 14$ のとき，Y 年 M 月 1 日は Y 年 3 月 1 日から数えて，

$$\{30(M-3) + [(3M-7)/5]\} \text{日後}$$

である．

証明. もしすべての月が 30 日間であれば，答えは $30(M-3)$ 日後であるが，31 日間の月もあるため少々面倒である．そこで，すなおに数えて，実際との差を表にしてみる．ここで，Y 年 3 月 1 日から Y 年 M 月 1 日になるまでの日数を $f(M)$ としておく．

M	3	4	5	6	7	8
$f(M)$	0	31	61	92	122	153
$30(M-3)$	0	30	60	90	120	150
差	0	1	1	2	2	3
M	9	10	11	12	13	14
$f(M)$	184	214	245	275	306	337
$30(M-3)$	180	210	240	270	300	330
差	4	4	5	5	6	7

4 行目の「差」は 2 行目から 3 行目を引いた値である．じつは，4 行目の値は $[(3M-7)/5]$ と同じ値になっている (問題 3.3.5 参照)．よって，

$$f(M) = 30(M-3) + [(3M-7)/5]$$

となる． □

これで 1600 年 3 月 1 日から $(1600+X)$ 年 M 月 D 日までの日数を数えるための準備が整った．次の定理が，その日数を表す式である．

定理 3.3.9 $3 \leqq M \leqq 14$ のとき，$(1600+X)$ 年 M 月 D 日は 1600 年 3 月 1 日から数えて，

$$\{365X + [X/4] - [X/100] + [X/400] \\ + 30(M-3) + [(3M-7)/5] + D - 1\} \text{ 日後}$$

である．

証明. $(1600+X)$ 年 M 月 D 日は $(1600+X)$ 年 M 月 1 日から数えて $(D-1)$ 日後である．命題 3.3.8 より，$(1600+X)$ 年 M 月 1 日は $(1600+X)$ 年 3 月 1 日から数えて $30(M-3)+[(3M-7)/5]$ 日後である．命題 3.3.6 より，$(1600+X)$

3.3 応用：曜日計算 55

年 3 月 1 日は 1600 年 3 月 1 日から数えて $365X + [X/4] - [X/100] + [X/400]$ 日後である．以上の 3 つをあわせると定理の式が得られる． □

あとは，曜日を求めるために，次の問いを考えよう．

問 3. 1600 年 3 月 1 日は何曜日か．

この問いは，曜日がわかっている年月日から定理 3.3.9 と命題 3.3.1 を使って解くことができる．例えば，2001 年 1 月 1 日は月曜日なので，この年月日と曜日で計算してみよう．まずは，2001 年 1 月 1 日を 2000 年 13 月 1 日に変えておく．定理 3.3.9 より，2000 年 13 月 1 日は 1600 年 3 月 1 日から数えて

$$\{365 \cdot 400 + [400/4] - [400/100] + [400/400]$$
$$+ 30(13 - 3) + [(3 \cdot 13 - 7)/5] + 1 - 1\} 日後$$

である．計算すると，

$$365 \cdot 400 + [100] - [4] + [1] + 30 \cdot 10 + [32/5]$$
$$= 365 \cdot 400 + 100 - 4 + 1 + 300 + 6$$
$$= 365 \cdot 400 + 403$$
$$\equiv 1 \cdot 1 + 4 \pmod{7}$$
$$= 5.$$

ここで，7 を法として，$365 \equiv 1, 400 \equiv 1, 403 \equiv 4$ であることを使った．よって，命題 3.3.1 より，2000 年 13 月 1 日の曜日は 1600 年 3 月 1 日から 5 日後の曜日と同じである．2000 年 13 月 1 日の曜日は月曜日だったので，1600 年 3 月 1 日は水曜日となる．

◎**問題 3.3.10** 今日の年月日と曜日から，1600 年 3 月 1 日が水曜日であることを確かめよ．

1600 年 3 月 1 日が水曜日であることがわかったので，曜日の公式を示すことができる．この公式と命題 3.3.1 を使えば，四則演算だけで曜日を求めることができる．

> **系 3.3.11** $Y \geq 1600$ かつ $3 \leq M \leq 14$ のとき，Y 年 M 月 D 日の曜日は，日曜日から数えて
> $$\{Y + [Y/4] - [Y/100] + [Y/400]$$
> $$+ [13(M+1)/5] + D - 1\} \text{ 日後}$$
> の曜日と同じである．

証明． 合同式は 7 を法として計算する．定理 3.3.9 より，$(1600+X)$ 年 M 月 D 日は 1600 年 3 月 1 日から数えて，
$$\{365X + [X/4] - [X/100] + [X/400]$$
$$+ 30(M-3) + [(3M-7)/5] + D - 1\} \text{ 日後}.$$

$365 \equiv 1$ より $365X \equiv X = Y - 1600$．補題 3.3.4 より
$$[X/4] = [(Y-1600)/4] = [Y/4 - 400] = [Y/4] - 400$$
が成り立つ．同様にして，
$$[X/100] = [Y/100] - 16, \quad [X/400] = [Y/400] - 4$$
を得る．よって，
$$365X + [X/4] - [X/100] + [X/400]$$
$$\equiv Y + [Y/4] - [Y/100] + [Y/400] - 1988$$
$$\equiv Y + [Y/4] - [Y/100] + [Y/400].$$

また，$30 \equiv 2$ と補題 3.3.4 より
$$30(M-3) + [(3M-7)/5] + D - 1$$
$$\equiv [2(M-3) + (3M-7)/5] + D - 1$$
$$\equiv [13(M+1)/5] + D - 4.$$

よって，$(1600+X)$ 年 M 月 D 日の曜日は 1600 年 3 月 1 日の水曜日から，
$$\{Y + [Y/4] - [Y/100] + [Y/400]$$
$$+ [13(M+1)/5] + D - 4\} \text{ 日後}$$

3.3 応用：曜日計算

の曜日と同じである．基準日を3日早めれば，日曜日が基準日となる．その3日分として，上の式に3を加えれば，求めていた式が得られる． □

◆**注 3.3.12** 系 3.3.11 において，$[13(M+1)/5]$ を $[26(M+1)/10]$ に変形すると計算が簡単になる．

曜日を求める年を 1901 年から 2099 年の間にすると，閏年のルールより，4 の倍数の年は必ず閏年になる．このことから，曜日を求める式が簡単になるので，最後にそれを紹介する．

系 3.3.13 $0 \leq Z \leq 199$ かつ $3 \leq M \leq 14$ のとき，$(1900+Z)$ 年 M 月 D 日の曜日は，日曜日から数えて

$$\{Z + [Z/4] + [13(M+1)/5] + D\} \text{日後}$$

の曜日と同じである．

証明． 合同式は 7 を法として計算する．系 3.3.11 より，$(1900+Z)$ 年 M 月 D 日の曜日は日曜日から数えて，

$$\{1900 + Z + [(1900+Z)/4] - [(1900+Z)/100]$$
$$+ [(1900+Z)/400] + [13(M+1)/5] + D - 1\} \text{日後}$$

の曜日と同じである．補題 3.3.4 より，

$$1900 + Z + [(1900+Z)/4]$$
$$= 1900 + Z + 475 + [Z/4]$$
$$\equiv Z + [Z/4] + 2.$$

また，

$$0 \leq Z \leq 99 \text{ のとき } [Z/100] = 0 = [(300+Z)/400],$$
$$100 \leq Z \leq 199 \text{ のとき } [Z/100] = 1 = [(300+Z)/400]$$

より

$$-[(1900+Z)/100] + [(1900+Z)/400]$$
$$= -19 - [Z/100] + 4 + [(300+Z)/400]$$
$$\equiv -[Z/100] + [(300+Z)/400] - 1$$
$$= -1.$$

よって，$(1900+Z)$ 年 M 月 D 日の曜日は日曜日から，
$$\{Z + [Z/4] + [13(M+1)/5] + D\} \text{ 日後}$$
の曜日と同じである． □

◎問題 3.3.14 自分の生まれた日は何曜日だったかを計算せよ．

3.4 フェルマー・オイラーの定理

この節では，フェルマー・オイラーの定理について解説する．これはさまざまな応用をもち，現代の暗号理論でも使われている重要な定理である．[1]

定義 3.4.1 (オイラー (Euler) の関数) $k \in \mathbb{N}$ に対し，$1 \leq i \leq k$ で，$\mathrm{GCD}(i,k) = 1$ である i の個数を $\varphi(k)$ と書き，**オイラーの関数**という．

○例 3.4.2 p を素数とする．$1 \leq i < p$ で，$\mathrm{GCD}(i,p) = 1$ より，$\varphi(p) = p-1$．$n \in \mathbb{Z}$ に対して，$1 \leq i \leq p^n$ で $\mathrm{GCD}(i,p^n) \neq 1$ となるのは p の倍数である．したがって，$p \cdot 1, p \cdot 2, \cdots, p \cdot p^{n-1}$ の p^{n-1} 個ある．ゆえに，
$$\varphi(p^n) = p^n - p^{n-1} = p^n\left(1 - \frac{1}{p}\right)$$
である．

---

[1] この節の結果は，次の 3.5 節の定理 3.5.18 以降の内容，第 4 章の内容のみに使われているので，そのときに読んでもよい．

3.4 フェルマー・オイラーの定理

以降この節では，自然数 k を固定して，k を法とした合同を考える．そのとき $a \in \mathbb{Z}$ に対し，

$$\mathrm{C}(a) = \{x \in \mathbb{Z} \mid x \equiv a \pmod{k}\}$$

とおく．この $\mathrm{C}(a)$ を $\bmod\, k$ に関する**剰余類**という．すると，次が成り立つ．

補題 3.4.3 $a, b \in \mathbb{Z}$ に対し，$\mathrm{C}(a) = \mathrm{C}(b)$ か $\mathrm{C}(a) \cap \mathrm{C}(b) = \emptyset$ のどちらか一方だけが成り立つ．

証明． $\mathrm{C}(a) \cap \mathrm{C}(b) \neq \emptyset$ とすると，$c \in \mathrm{C}(a) \cap \mathrm{C}(b)$ が存在する．同値関係 (2), (3) から，

$$a \equiv c \pmod{k},\ c \equiv b \pmod{k} \Longrightarrow a \equiv b \pmod{k}$$

が成り立つ．ゆえに，$\mathrm{C}(a) = \mathrm{C}(b)$ である． □

定義 3.4.4 整数を k で割ったときの余りは $0, 1, \cdots, k-1$ であるから，

$$\mathbb{Z} = \bigcup_{0 \leqq i \leqq k-1} C(i),\quad \mathrm{C}(i) \cap \mathrm{C}(j) = \emptyset \quad (i \neq j)$$

となる．各 $\mathrm{C}(i)$ から 1 つずつ整数 $a_1, a_2, \cdots, a_k$ を取り出すとき，集合 $\{a_1, a_2, \cdots, a_k\}$ を $\bmod\, k$ の**完全代表系**という．

○**例 3.4.5** $k = 3$ として，$\bmod\, 3$ の剰余類を考えると，

$\mathrm{C}(0)$：3 で割り切れる整数全体，

$\mathrm{C}(1)$：3 で割って 1 余る整数全体，

$\mathrm{C}(2)$：3 で割って 2 余る整数全体．

したがって，

$$\mathbb{Z} = \mathrm{C}(0) \cup \mathrm{C}(1) \cup \mathrm{C}(2)$$

となる．剰余類は

$$\mathrm{C}(0) = \mathrm{C}(-3),\ \mathrm{C}(1) = \mathrm{C}(4),\ \mathrm{C}(2) = \mathrm{C}(-1)$$

であり，$\{0, 1, 2\}, \{-3, 4, -1\}$ はいずれも $\bmod\, 3$ の完全代表系である．

> **命題 3.4.6** $n \in \mathbb{Z}$ が $\mathrm{GCD}(n,k) = 1$ を満たすとき，$\{a_1, a_2, \cdots, a_k\}$ を $\mathrm{mod}\, k$ を完全代表系とすると，
> $$\{na_1, na_2, \cdots, na_k\}$$
> も $\mathrm{mod}\, k$ の完全代表系である．

証明． 整数の集合 $\{b_1, \cdots, b_r\}$ が完全代表系であるための必要十分条件は
(1) $r = k$,
(2) $i \neq j \Longrightarrow b_i \not\equiv b_j \pmod{k}$
が成り立つことであることは明らかである．したがって，$\{na_1, na_2, \cdots, na_k\}$ に対しては条件 (2) を確かめればよい．

$\mathrm{GCD}(n, k) = 1$ より，定理 3.1.3 (B) から
$$na_i \equiv na_j \pmod{k} \Longrightarrow a_i \equiv a_j \pmod{k}.$$
$\{a_1, a_2, \cdots, a_k\}$ は $\mathrm{mod}\, k$ の完全代表系であるから，$i = j$. □

○**例 3.4.7** $k = 5$ として，$\mathrm{mod}\, 5$ の完全代表系 $\{0, 1, 2, 3, 4\}$ を考える．$\mathrm{GCD}(2, 5) = 1$ なので，$\{0, 2, 4, 6, 8\}$ $(= \{0, 2, 2 \cdot 2, 2 \cdot 3, 2 \cdot 4\})$ も $\mathrm{mod}\, 5$ の完全代表系である．

> **補題 3.4.8** $\mathrm{GCD}(a, k) = 1, b \in \mathrm{C}(a) \Longrightarrow \mathrm{GCD}(b, k) = 1$

証明． 一般に $\mathrm{GCD}(a, k) = r$ ならば，$\mathrm{GCD}(a + nk, k) = r$ $(n \in \mathbb{Z})$ が成り立つので，明らか． □

> **定義 3.4.9** 補題 3.4.8 から，$a \in \mathbb{Z}$ が $\mathrm{GCD}(a, k) = 1$ を満たせば，$\mathrm{mod}\, k$ の剰余類 $\mathrm{C}(a)$ のなかのすべての整数は，k と互いに素となる．このような剰余類を $\mathrm{mod}\, k$ の**既約類**という．既約類の個数はオイラー関数 $\varphi(k)$ に等しい．各既約類から，1 つずつ整数 $a_1, a_2, \cdots, a_{\varphi(k)}$ を取り出すとき，集合 $\{a_1, a_2, \cdots, a_{\varphi(k)}\}$ を $\mathrm{mod}\, k$ の**既約代表系**という．

3.4 フェルマー・オイラーの定理

○例 **3.4.10** $k=5$ として，$\bmod 5$ の完全代表系 $\{0,1,2,3,4\}$ を考える．このうち，$\mathrm{GCD}(1,5)=\mathrm{GCD}(2,5)=\mathrm{GCD}(3,5)=\mathrm{GCD}(4,5)=1$ で $\varphi(5)=4$ となっていることがわかる．

> **命題 3.4.11** $n\in\mathbb{Z}$ が $\mathrm{GCD}(n,k)=1$ を満たすとき，$\{a_1,a_2,\cdots,a_{\varphi(k)}\}$ を $\bmod k$ の既約代表系とすると，
> $$\{na_1,na_2,\cdots,na_{\varphi(k)}\}$$
> も $\bmod k$ の既約代表系である．

証明． 整数の集合 $\{b_1,\cdots,b_r\}$ が既約代表系であるための必要十分条件は
(1) $r=\varphi(k)$,
(2) $\mathrm{GCD}(b_i,k)=1$ $(1\leqq i\leqq r)$,
(3) $i\neq j\Longrightarrow b_i\not\equiv b_j\pmod{k}$

が成り立つことであることは明らかである．したがって，$\{na_1,na_2,\cdots,na_{\varphi(k)}\}$ に対しては条件 (2), (3) を確かめればよい．

$\mathrm{GCD}(n,k)=1$ より，命題 2.1.14 から，$\mathrm{GCD}(nb_i,k)=1$ が成り立つ．また，定理 3.1.3 (B) から

$$na_i\equiv na_j\pmod{k}\Longrightarrow a_i\equiv a_j\pmod{k}.$$

$\{a_1,a_2,\cdots,a_{\varphi(k)}\}$ は $\bmod k$ の既約代表系であるから，$i=j$ である． □

○例 **3.4.12** $k=5$ として，$\bmod 5$ の既約代表系 $\{1,2,3,4\}$ を考える．$\mathrm{GCD}(2,5)=1$ なので，$\{2,4,6,8\}$ $(=\{2,2\cdot 2,2\cdot 3,2\cdot 4\})$ も $\bmod 5$ の既約代表系である．

> **定理 3.4.13** (フェルマー・オイラーの定理) $a\in\mathbb{Z}$ が $\mathrm{GCD}(a,k)=1$ を満たすとき
> $$a^{\varphi(k)}\equiv 1\pmod{k}$$
> となる．

証明. $\bmod k$ の既約代表系を $\{a_1, a_2, \cdots, a_{\varphi(k)}\}$ とする. $\mathrm{GCD}(a,k) = 1$ より, 命題 3.4.11 から $\{aa_1, aa_2, \cdots, aa_{\varphi(k)}\}$ も $\bmod k$ の既約代表系となる. ゆえに,
$$aa_1 aa_2 \cdots aa_{\varphi(k)} \equiv a_1 a_2 \cdots a_{\varphi(k)} \pmod{k},$$
よって $\quad a^{\varphi(k)} a_1 a_2 \cdots a_{\varphi(k)} \equiv a_1 a_2 \cdots a_{\varphi(k)} \pmod{k}.$

命題 2.1.14 より, $\mathrm{GCD}(a_1 a_2 \cdots a_{\varphi(k)}, k) = 1$ なので, 定理 3.1.3 から
$$a^{\varphi(k)} \equiv 1 \pmod{k}$$
を得る. □

○例 **3.4.14** (1) $k = 5$ として, $\bmod 5$ の既約代表系 $\{1, 2, 3, 4\}$ を考える. $\mathrm{GCD}(2,5) = 1$ なので, $\{2, 2\cdot 2, 2\cdot 3, 2\cdot 4\}$ も $\bmod 5$ の既約代表系で,
$$2 \cdot 2\cdot 2 \cdot 2\cdot 3 \cdot 2\cdot 4 \equiv 1\cdot 2 \cdot 3 \cdot 4 \pmod 5,$$
よって $\quad 2^4 \cdot 24 \equiv 24 \pmod 5.$

$$\therefore \quad 2^4 \equiv 1 \pmod 5$$

となる.

(2) $k = 15$ として, $\bmod 15$ の既約代表系 $\{1, 2, 4, 6, 7, 8, 11, 13, 14\}$ を考える. $\mathrm{GCD}(7,15) = 1$ なので, $\{7\cdot 1, 7\cdot 2, 7\cdot 4, 7\cdot 6, 7\cdot 7, 7\cdot 8, 7\cdot 11, 7\cdot 13, 7\cdot 14\} = \{7, 14, 28, 42, 49, 56, 77, 91, 98\}$ も $\bmod 15$ の既約代表系で,

$7 \cdot 14 \cdot 28 \cdot 42 \cdot 49 \cdot 56 \cdot 77 \cdot 91 \cdot 98 \equiv 1 \cdot 2 \cdot 4 \cdot 6 \cdot 7 \cdot 8 \cdot 11 \cdot 13 \cdot 14 \pmod{15}.$

よって $\quad 7^8 \cdot 5381376 \equiv 5381376 \pmod{15}.$

$$\therefore \quad 7^8 \equiv 1 \pmod{15}$$

となる.

系 3.4.15 (フェルマーの小定理) 素数 p に対し, $a \in \mathbb{Z}$ が $\mathrm{GCD}(a, p) = 1$ を満たすとき
$$a^{p-1} \equiv 1 \pmod{p}$$
となる.

3.4 フェルマー・オイラーの定理

証明. 例 3.4.2 から $\varphi(p) = p-1$ となるので，フェルマー・オイラーの定理から明らかである． □

○**例 3.4.16** $p=7$ とすると，$\mathrm{GCD}(10,7)=1$ より，
$$10^6 \equiv 1 \pmod{7},$$
$p=13$ とすると，$\mathrm{GCD}(10,13)=1$ より，
$$10^{12} \equiv 1 \pmod{13}$$
となる．

では，任意の自然数 n に対して $\varphi(n)$ はどのようになっているのかをみていこう．

系 3.4.17 $a,b \in \mathbb{N}$ とする．$\mathrm{GCD}(a,b)=1$ のとき，$x,x',y,y' \in \mathbb{Z}$ に対して，次は同値である．
(1) $ay+bx \equiv ay'+bx' \pmod{ab}$．
(2) $x \equiv x' \pmod{a}$, $y \equiv y' \pmod{b}$．

証明. (1) $\Rightarrow$ (2) $a(y-y') \equiv b(x'-x) \pmod{ab}$ となるので，$n \in \mathbb{Z}$ が存在して，次の式を満たす．
$$a(y-y') - b(x'-x) = abn,$$
よって
$$a(y-y') = b(x'-x+an).$$
$\mathrm{GCD}(a,b)=1$ から，
$$a \mid x'-x = x'-x+an-an, \quad b \mid y-y'.$$
ゆえに，$x \equiv x' \pmod{a}, y \equiv y' \pmod{b}$ である．

(2) $\Rightarrow$ (1) $a \mid x'-x, b \mid y-y'$ となるので，$ab \mid bx'-bx, ab \mid ay-ay'$．ゆえに，$ay+bx \equiv ay'+bx' \pmod{ab}$ である． □

補題 3.4.18 $a, b \in \mathbb{N}$ とする. $\mathrm{GCD}(a, b) = 1$ のとき, $x, y \in \mathbb{Z}$ に対して, 次は同値である.
(1) $\mathrm{GCD}(ay + bx, ab) = 1$.
(2) $\mathrm{GCD}(x, a) = 1$, $\mathrm{GCD}(b, y) = 1$.

証明. (1) $\Rightarrow$ (2) $\mathrm{GCD}(x, a) = d$ とおくと, $d \mid ay + bx$, $d \mid ab$ となる. したがって, $d \mid \mathrm{GCD}(ay + bx, ab) = 1$, すなわち, $d = 1$. 同様に, $\mathrm{GCD}(y, b) = 1$.

(2) $\Rightarrow$ (1) $\mathrm{GCD}(x, a) = 1$, $\mathrm{GCD}(b, a) = 1$ より, $\mathrm{GCD}(bx, a) = 1$. したがって, $\mathrm{GCD}(ay + bx, a) = 1$. 同様に, $\mathrm{GCD}(ay + bx, b) = 1$ が成り立つ. ゆえに, $\mathrm{GCD}(ay + bx, ab) = 1$ である. □

定理 3.4.19 $a, b \in \mathbb{N}$, $r = \varphi(a)$, $s = \varphi(b)$ とする.
$$\{x_1, \cdots, x_r, \cdots, x_a\}, \qquad \{y_1, \cdots, y_s, \cdots, y_b\}$$
をそれぞれ $\mathrm{mod}\, a$, $\mathrm{mod}\, b$ の完全代表系とし,
$$\{x_1, \cdots, x_r\}, \qquad \{y_1, \cdots, y_s\}$$
をそれぞれ $\mathrm{mod}\, a$, $\mathrm{mod}\, b$ の既約代表系とする. $\mathrm{GCD}(a, b) = 1$ のとき,
$$\{ay_j + bx_i \mid 1 \leqq i \leqq a, 1 \leqq j \leqq b\},$$
$$\{ay_j + bx_i \mid 1 \leqq i \leqq r, 1 \leqq j \leqq s\}$$
は, それぞれ $\mathrm{mod}\, ab$ の完全代表系, 既約代表系である.

証明. 補題 3.4.17, 補題 3.4.18 から, 明らかである. □

○**例 3.4.20** $\mathrm{mod}\, 3$, $\mathrm{mod}\, 4$ の完全代表系としてそれぞれ $\{1, 2 - 3\}$, $\{-1, 1, 2, 4\}$, 既約代表としてそれぞれ $\{1, 2\}$, $\{-1, 1\}$ をとる. このとき, $\mathrm{mod}\, 12$ の完全代表系 $\{1, 5, -15, 7, 11, -9, 10, 14, -6, 16, 20, 0\}$, 既約代表系 $\{1, 5, 7, 11\}$ は次の表から得られる.

3.4 フェルマー・オイラーの定理

$3y + 4x$

y \ x	**1**	**2**	**−3**
−1	1	5	−15
1	7	11	−9
2	10	14	−6
4	16	20	0

系 3.4.21 $a, b \in \mathbb{N}$ に対して，$\mathrm{GCD}(a, b) = 1$ のとき，
$$\varphi(ab) = \varphi(a)\varphi(b)$$
が成り立つ．

証明． $r = \varphi(a)$, $s = \varphi(b)$ とすると，定理 3.4.19 から $\varphi(ab) = rs = \varphi(a)\varphi(b)$ となる． □

定理 3.4.22 $n \in \mathbb{N}$ の素因数分解を $n = p_1^{e_1} p_2^{e_2} \cdots p_r^{e_r}$ としたとき，
$$\varphi(n) = n\left(1 - \frac{1}{p_1}\right)\left(1 - \frac{1}{p_2}\right) \cdots \left(1 - \frac{1}{p_r}\right)$$
である．

証明． 系 3.4.21 から，
$$\varphi(n) = \varphi(p^{e_1})\varphi(p^{e_2}) \cdots \varphi(p^{e_r}).$$
例 3.4.2 から，$\varphi(p^{e_i}) = p^{e_i}\left(1 - \frac{1}{p_i}\right)$ $(1 \leqq i \leqq r)$. ゆえに，
$$\varphi(n) = p^{e_1}\left(1 - \frac{1}{p_1}\right) p^{e_2}\left(1 - \frac{1}{p_2}\right) \cdots p^{e_r}\left(1 - \frac{1}{p_r}\right)$$
$$= p^{e_1} p^{e_2} \cdots p^{e_r} \left(1 - \frac{1}{p_1}\right)\left(1 - \frac{1}{p_2}\right) \cdots \left(1 - \frac{1}{p_r}\right)$$
$$= n\left(1 - \frac{1}{p_1}\right)\left(1 - \frac{1}{p_2}\right) \cdots \left(1 - \frac{1}{p_r}\right)$$
となる． □

○例 **3.4.23** $k = 24$ とすると，$24 = 2^3 \cdot 3$ より
$$\varphi(24) = 24\left(1 - \frac{1}{2}\right)\left(1 - \frac{1}{3}\right) = 8$$
で，$\mathrm{GCD}(5, 24) = 1$ から，
$$5^8 \equiv 1 \pmod{24}.$$
$k = 25$ とすると，$25 = 5^2$ より
$$\varphi(25) = 25\left(1 - \frac{1}{5}\right) = 20$$
で，$\mathrm{GCD}(2, 25) = 1$ から，
$$2^{20} \equiv 1 \pmod{25}$$
となる．

◎問題 **3.4.24** 次のオイラーの関数の値を求めよ．
(1) $\varphi(23)$ (2) $\varphi(56)$ (3) $\varphi(1254)$ (4) $\varphi(4646)$

3.5 合同方程式

等式の式変形で方程式の解を求めることと同様に，合同式に対しても合同方程式を考えることができる．この節では，一番基本的な **1 次合同方程式**を考える．

定理 3.5.1 $\mathrm{GCD}(a, k) = 1$ のとき，合同方程式
$$ax \equiv b \pmod{k}$$
は，k を法としてただ一つの解をもつ．

証明． 合同方程式
$$ax \equiv b \pmod{k}$$
が解をもつことは，

3.5 合同方程式

$$k \mid ax - b$$

が解をもつことと同じなので，

$$ax + ky = b$$

が解をもつことと同値となる．このとき，

$$ax + ky = 1$$

の解は定理 2.2.1 から，$(c + kn, d - an)$ $(n \in \mathbb{Z})$ となり，

$$ax + ky = b$$

の解は，$(bc + kn, bd - an)$ $(n \in \mathbb{Z})$ となる．ゆえに $x \equiv bc \pmod{k}$ が解となり，$bc + kn \equiv bc \pmod{k}$ なので k を法としてただ一つだとわかる． □

定理 3.5.1 は，フェルマー・オイラーの定理 3.4.13 を用いて次のように証明することもできる．

定理 3.5.1 の別証明． $\varphi(k) \geqq 1$ であるから，合同方程式の両辺に $a^{\varphi(k)-1}$ をかけると $a^{\varphi(k)} \equiv 1 \pmod{k}$ より，

$$a^{\varphi(k)-1} ax \equiv a^{\varphi(k)-1} b \pmod{k}$$

$$a^{\varphi(k)} x \equiv a^{\varphi(k)-1} b \pmod{k}$$

$$x \equiv a^{\varphi(k)-1} b \pmod{k}$$

が，k を法としてただ一つの解となる． □

定理 3.5.2 $\mathrm{GCD}(a, k) = 1$ のとき，合同方程式

$$ax \equiv b \pmod{k}$$

に対し，$k = r_0, a = r_1$ とおいて，ユークリッドの互除法から

$$(*) \begin{cases} r_0 - q_0 r_1 &= r_2 \\ r_1 - q_1 r_2 &= r_3 \\ &\cdots \\ r_{n-1} - q_{n-1} r_n &= 1 \end{cases}$$

を得たとする．このとき，
$$c_0 = 0, \quad c_1 = b, \quad c_m = c_{m-2} - q_{m-2}c_{m-1} \ (m \geqq 2)$$
という漸化式で数列を考えると，
$$r_i x \equiv c_i \pmod{k}$$
が任意の $i \geqq 0$ に対して成り立つ．特に次が成り立つ．
$$x \equiv c_{n+1} \pmod{k}$$

証明． $r_i x \equiv c_i \pmod{k}$ とおくと，$r_0 = k, r_1 = a$ より，(∗) から，
$$kx \equiv 0 \pmod{k},$$
$$ax \equiv b \pmod{k}$$
であり，$c_0 = 0, c_1 = b$ として条件を満たすことがわかる．次に，
$$r_{i-2}x \equiv c_{i-2} \pmod{k},$$
$$r_{i-1}x \equiv c_{i-1} \pmod{k}$$
が成り立つと仮定すると，
$$(r_{i-2} - q_{i-2}r_{i-1})x \equiv c_{i-2} - q_{i-2}c_{i-1} \pmod{k},$$
$$r_i x \equiv c_i \pmod{k}$$
が成り立つ．$r_{n+1} = 1$ なので，結果を得る． □

○**例 3.5.3** $8x \equiv 5 \pmod{11}$ の解を求めると，
$$\begin{cases} 11 = 1 \cdot 8 + 3 \\ 8 = 2 \cdot 3 + 2 \\ 3 = 1 \cdot 2 + 1 \end{cases}$$
$11x \equiv 0 \pmod{11}$ なので，定理 3.5.2 から求めると，
$$11x \equiv 0 \pmod{11} \quad ①$$
$$8x \equiv 5 \pmod{11} \quad ②$$

3.5 合同方程式

$$11 - 1\cdot 8 = 3 \quad 3x \equiv -5 \pmod{11} \quad ①-②=③$$
$$8 - 2\cdot 3 = 2 \quad 2x \equiv 15 \pmod{11} \quad ②-2\cdot③=④$$
$$3 - 1\cdot 2 = 1 \quad 1x \equiv -20 \pmod{11} \quad ③-④$$
$$\therefore \quad \underline{x \equiv 2 \pmod{11}}$$

○例 **3.5.4** (1) 合同方程式

$$56x \equiv 1 \pmod{37}$$

を解くと，まず次の 2 式

$$56x \equiv 1 \pmod{37} \quad ①$$
$$37x \equiv 0 \pmod{37} \quad ②$$

を考え，ユークリッドの互除法から

$$56 - 1\cdot 37 = 19 \quad 19x \equiv 1 \pmod{37} \quad ①-②=③$$
$$37 - 1\cdot 19 = 18 \quad 18x \equiv -1 \pmod{37} \quad ②-③=④$$
$$19 - 1\cdot 18 = 1 \quad x \equiv 1-(-1)=2 \pmod{37} \quad ③-④$$
$$\therefore \quad \underline{x \equiv 2 \pmod{37}}$$

(2) 合同方程式

$$29x \equiv 3 \pmod{51}$$

を解くと，まず次の 2 式

$$51x \equiv 0 \pmod{51} \quad ①$$
$$29x \equiv 3 \pmod{51} \quad ②$$

を考え，ユークリッドの互除法から

$$51 - 1\cdot 29 = 22 \quad 22x \equiv -3 \pmod{51} \quad ①-②=③$$
$$29 - 1\cdot 22 = 7 \quad 7x \equiv 3-(-3)=6 \pmod{51} \quad ②-③=④$$
$$22 - 3\cdot 7 = 1 \quad x \equiv -3-3\cdot 6 = -21 \equiv 30 \pmod{51} \quad ③-3\cdot④$$
$$\therefore \quad \underline{x \equiv 30 \pmod{51}}$$

◎問題 **3.5.5** 次の合同方程式を解け．

(1) $23x \equiv 5 \pmod{13}$ (2) $48x \equiv 3 \pmod{23}$
(3) $56x \equiv 7 \pmod{29}$ (4) $1002x \equiv 1 \pmod{541}$
(5) $466x \equiv 1 \pmod{1223}$

◆注 **3.5.6** 不定方程式 $ax + by = d$ の解を求めるのに，$as \equiv d \pmod{b}$ という解 s を考えると，

$$as - d = bt, \quad \text{すなわち} \quad as - bt = d$$

と表されるので，$(x, y) = (s, -t)$ という解が得られる．

逆に，合同方程式 $ax \equiv d \pmod{b}$ の解を求めるのに，不定方程式 $ax + by = d$ の解 $(x, y) = (u, v)$ に対し
$$au + bv = d$$
より，
$$au \equiv d \pmod{b}$$
によって求められる．

○例 **3.5.7** 不定方程式 $35x + 27y = 1$ の解と合同方程式 $35x \equiv 1 \pmod{27}$ の解の関係．ユークリッドの互除法から

$$\begin{cases} 35 = 1 \cdot 27 + 8 \\ 27 = 3 \cdot 8 + 3 \\ 8 = 2 \cdot 3 + 2 \\ 3 = 1 \cdot 2 + 1. \end{cases}$$

(1) $35x \equiv 1 \pmod{27}$ の解から，$35x + 27y = 1$ の解を導く．

$$35x \equiv 1 \pmod{27}$$

$$27x \equiv 0 \pmod{27}$$

$35 - 1 \cdot 27 = 8 \quad (35 - 1 \cdot 27)x \equiv 1 - 1 \cdot 0 \pmod{27}$

$$8x \equiv 1 \pmod{27}$$

3.5 合同方程式

$$27 - 3 \cdot 8 = 3 \quad (27 - 3 \cdot 8)x \equiv 0 - 3 \cdot 1 \pmod{27}$$
$$3x \equiv -3 \pmod{181}$$
$$8 - 2 \cdot 3 = 2 \quad (8 - 2 \cdot 3)x \equiv 1 - 2 \cdot (-3) \pmod{27}$$
$$2x \equiv 7 \pmod{181}$$
$$3 - 1 \cdot 2 = 1 \quad x \equiv -3 - 7 \equiv 17 \pmod{27}$$

よって，
$$35 \cdot 17 - 1 = 27 \cdot 5$$
であるから
$$35 \cdot 17 + 27 \cdot (-5) = 1$$
より，
$$35x + 27y = 1$$
の一般解は，
$$\begin{cases} x = 17 + 27n \\ y = -5 - 35n \end{cases} \quad (n \in \mathbb{Z})$$
である．

(2) $35y + 27x = 1$ の解から $35x \equiv 1 \pmod{28}$ の解を導く．
ユークリッドの互除法から，$r_5 = 1$ なので，
$$q_0 = 1, \ q_1 = 3, \ q_2 = 2, \ q_3 = 1,$$
$$s_0 = 1, \ s_1 = 1, \ s_2 = 3 \cdot 1 + 1 = 4,$$
$$s_3 = 2 \cdot 4 + 1 = 9, \ s_4 = 9 + 4 = 13,$$
$$t_0 = 0, \ t_1 = 1, \ t_2 = 3 \cdot 1 = 3,$$
$$t_3 = 2 \cdot 3 + 1 = 7, \ t_4 = 7 + 3 = 10.$$

ゆえに
$$35 \cdot (-10) + 27 \cdot 13 = 1$$
より
$$35 \cdot (-10) \equiv 1 \pmod{27}.$$
$$\therefore \quad \underline{x \equiv -10 \equiv 17 \pmod{27}}$$

○例 **3.5.8** 合同方程式 $173x \equiv 1 \pmod{181}$ と不定方程式 $173x + 181y = 1$ の解の関係．ユークリッドの互除法から

$$\begin{cases} 181 = 1 \cdot 173 + 8 \\ 173 = 21 \cdot 8 + 5 \\ 8 = 1 \cdot 5 + 3 \\ 5 = 1 \cdot 3 + 2 \\ 3 = 1 \cdot 2 + 1. \end{cases}$$

(1) $173x \equiv 1 \pmod{181}$ の解から $173x + 181y = 1$ の解を導く．

$$181x \equiv 0 \pmod{181}$$
$$173x \equiv 1 \pmod{181}$$

$181 = 1 \cdot 173 + 8 \quad (181 - 1 \cdot 173)x \equiv 0 - 1 \cdot 1 \pmod{181}$

$$8x \equiv -1 \pmod{181}$$

$173 = 21 \cdot 8 + 5 \quad (173 - 21 \cdot 8)x \equiv 1 - 21 \cdot (-1) \pmod{181}$

$$5x \equiv 22 \pmod{181}$$

$8 = 1 \cdot 5 + 3 \qquad\qquad 3x \equiv -23 \pmod{181}$

$5 = 1 \cdot 3 + 2 \qquad\qquad 2x \equiv 45 \pmod{181}$

$3 = 1 \cdot 2 + 1 \qquad\qquad x \equiv -68 \equiv 113 \pmod{181}$

よって，
$$173 \cdot 113 - 1 = 181 \cdot 108$$
であるから
$$173 \cdot 113 + 181 \cdot (-108) = 1$$
より，
$$173x + 181y = 1$$
の一般解は，
$$\begin{cases} x = 113 + 181n \\ y = -108 - 173n \end{cases} (n \in \mathbb{Z})$$

3.5 合同方程式

である．

(2) $181y + 173x = 1$ の解から $173x \equiv 1 \pmod{181}$ の解を導く．

ユークリッドの互除法から，$r_6 = 1$ なので，

$$q_0 = 1,\ q_1 = 21,\ q_2 = q_3 = q_4 = 1,$$
$$s_0 = 1,\ s_1 = 1,\ s_2 = 21 + 1 = 22,$$
$$s_3 = 22 + 1 = 23,\ s_4 = 23 + 22 = 45,\ s_5 = 45 + 23 = 68,$$
$$t_0 = 0,\ t_1 = 1,\ t_2 = 21,$$
$$t_3 = 21 + 1 = 22,\ t_4 = 22 + 21 = 43,\ t_5 = 43 + 22 = 65.$$

ゆえに

$$181 \cdot 65 + 173 \cdot (-68) = 1$$

より，

$$173 \cdot (-68) \equiv 1 \pmod{181}.$$
$$\therefore \quad \underline{x \equiv -68 \equiv 113 \pmod{181}}$$

◎問題 **3.5.9** 次の方程式を満たす整数の一般解を合同方程式を使って求めよ．

(1) $4x + 9y = 1$　　(2) $23x + 31y = 1$　　(3) $25x + 16y = 4$

(4) $43x + 15y = 5$　　(5) $21x + 53y = 3$

一般の整数 a, k に対して，合同方程式が解をもつかどうかは次の定理よってわかる．

定理 3.5.10 $\mathrm{GCD}(a, k) = d$ のとき，合同方程式

$$ax \equiv b \pmod{k} \qquad (*)$$

が解をもつための必要十分条件は，$d \mid b$ である．このとき，k を法として d 個の解をもつ．

証明． <u>必要性</u>　合同方程式 $(*)$ の解の一つを c とおくと，$k \mid ac - b$ より，

$$d \mid ac - (ac - b) = b.$$

<u>十分性</u>　$a = a'd, b = b'd, k = k'd$ とおくと，合同方程式
$$a'x \equiv b' \pmod{k'}$$
の解と，合同方程式 (*) の解は同じであることがわかる．定理 3.5.1 から，k' を法としてただ一つの解 c があるので，k を法としては，
$$c, c + k', \cdots, c + (d-1)k'$$
の d 個の解となる．　□

○例 **3.5.11**　合同方程式 $15x \equiv 6 \pmod{24}$ の解を 24 を法としてすべて求める．$\text{GCD}(24, 15) = 3 \mid 6$ より，24 を法として，3 つの解がある．合同式全体を 3 で割って，$5x \equiv 2 \pmod 8$ の解をまず求める．

$$5x \equiv 2 \pmod 8$$
$$8 = 1 \cdot 5 + 3 \quad 3x \equiv -2 \pmod 8$$
$$5 = 1 \cdot 3 + 2 \quad 2x \equiv 4 \pmod 8$$
$$3 = 1 \cdot 2 + 1 \quad x \equiv -6 \equiv 2 \pmod 8$$

24 を法としての解は，$2, 2+8, 2+2\cdot 8$ となるので，
$$\therefore \underline{x \equiv 2, 10, 18 \pmod{24}}$$

◎問題 **3.5.12**　次の合同方程式を解け．
(1) $46x \equiv 10 \pmod{26}$ 　　(2) $96x \equiv 6 \pmod{46}$
(3) $112x \equiv 14 \pmod{58}$ 　　(4) $1002x \equiv 1 \pmod{541}$
(5) $466x \equiv 1 \pmod{1223}$

連立合同方程式に関しては，「中国式剰余定理」の名前でよく知られた次の定理がある．

3.5 合同方程式

> **定理 3.5.13** (中国式剰余定理)　自然数 $k_1, k_2, \cdots, k_n$ が，$i \neq j$ のとき $\mathrm{GCD}(k_i, k_j) = 1$ を満たすとする．このとき，任意の整数 $a_1, a_2, \cdots, a_n$ に対し，連立合同方程式
> $$\begin{cases} x \equiv a_1 \pmod{k_1} \\ x \equiv a_2 \pmod{k_2} \\ \cdots \\ x \equiv a_n \pmod{k_n} \end{cases}$$
> は，$K = k_1 k_2 \cdots k_n$ を法としてただ一つの解をもつ．

証明． 解が存在すること　$K_i = K/k_i$ とおくと，条件から命題 2.1.14 を使って $\mathrm{GCD}(k_i, K_i) = 1$ $(1 \leqq i \leqq n)$ を得る．合同方程式

$$K_i x \equiv 1 \pmod{k_i}$$

の解の一つを c_i $(1 \leqq i \leqq n)$ とおく．

$$c = a_1 c_1 K_1 + a_2 c_2 K_2 + \cdots + a_n c_n K_n$$

とおくと，$i \neq j$ に対し $K_j \equiv 0 \pmod{k_i}$ であるから，

$$c \equiv a_i c_i K_i \pmod{k_i}$$
$$\equiv a_i \pmod{k_i} \quad (1 \leqq i \leqq n).$$

ゆえに連立合同方程式の解となる．

一意であること　条件から，K は $k_1, k_2, \cdots, k_n$ の最初公倍数であるので，c' をもう一つの解とすると，$c \equiv c' \pmod{k_i}$ $(1 \leqq i \leqq n)$, $k_i \mid c - c'$ より，$K \mid c - c'$ となる．ゆえに，$c \equiv c' \pmod{K}$ となる． □

○**例 3.5.14**　古代中国の本「孫子算経」に，3 で割ると 2 余り，5 で割ると 3 余り，7 で割ると 2 余る数を求める解法が書かれていたことに因み，上記の定理は「**中国式剰余定理**」とよばれている．実際に書かれていた解法は，次のように書くことができる．

に対して，上の証明から，次の合同方程式を解く．

$$\begin{cases} x \equiv 2 \pmod 3 \\ x \equiv 3 \pmod 5 \\ x \equiv 2 \pmod 7 \end{cases}$$

$$35x \equiv 1 \pmod 3 \quad 21x \equiv 1 \pmod 5 \quad 15x \equiv 1 \pmod 7$$
$$2x \equiv 1 \pmod 3 \qquad x \equiv 1 \pmod 5 \qquad x \equiv 1 \pmod 7$$
$$-x \equiv 1 \pmod 3$$
$$x \equiv 2 \pmod 3$$

したがって，解として $c_1 = 2, c_2 = 1, c_3 = 1$ を得，
$$c = 2 \cdot 2 \cdot 35 + 3 \cdot 1 \cdot 21 + 2 \cdot 1 \cdot 15 = 233$$
となり，$x \equiv 233 \equiv 23 \pmod{105}$ より 23 が $105 = 3 \cdot 5 \cdot 7$ を法としてはただ一つの解となる．つまり，$23 + 105n \ (n \in \mathbb{Z})$ が実際の解となる．

◎問題 3.5.15 次の連立合同方程式を解け．

(1) $\begin{cases} x \equiv 4 \pmod 9 \\ x \equiv 3 \pmod 5 \\ x \equiv 2 \pmod 7 \end{cases}$
(2) $\begin{cases} x \equiv 3 \pmod 8 \\ x \equiv 5 \pmod 9 \\ x \equiv 4 \pmod 7 \end{cases}$
(3) $\begin{cases} x \equiv 3 \pmod{9} \\ x \equiv 5 \pmod{13} \\ x \equiv 2 \pmod{7} \end{cases}$

(4) $\begin{cases} 2x \equiv 3 \pmod 9 \\ 3x \equiv 2 \pmod 5 \\ 4x \equiv 2 \pmod 7 \end{cases}$
(5) $\begin{cases} 2x \equiv 6 \pmod 9 \\ 2x \equiv 4 \pmod{25} \\ 4x \equiv 2 \pmod{49} \end{cases}$

数に対する合同式を多項式に対する合同式に拡張すると，いろいろなことがわかる．

定義 3.5.16 整係数の変数 X の多項式
$$f(X) = a_0 + a_1 X + \cdots + a_m X^m,$$
$$g(X) = b_0 + b_1 X + \cdots + b_n X^n$$

3.5 合同方程式

に対し，$a_i \equiv b_i \pmod{k}$ をすべての i が満たすとき，
$$f(X) \equiv g(X) \pmod{k\,[X]}$$
と書き，k を法として**式として合同**であるという．

◆**注 3.5.17** 式として合同ということと，値が合同ということは同じではないので注意しよう．実際，
$$X^3 \not\equiv X \pmod{3\,[X]}$$
であるが，任意の整数 n に対し
$$n^3 \equiv n \pmod{3}$$
が成り立つ．

定理 3.5.18 (ラグランジュ(Lagrange) の定理) 整数 $a_0, a_1, \cdots, a_n$ と素数 p に対し，n 次合同方程式
$$a_0 + a_1 X + \cdots + a_n X^n \equiv 0 \pmod{p}$$
は，p を法として高々 n 個の解をもつ．

証明． $f(X) = a_0 + a_1 X + \cdots + a_n X^n$ とおき，n に関する帰納法で示す．$f(X) \equiv 0 \pmod{p}$ が解をもたなければ，解の個数は 0 で題意を満たす．

解 c をもつとき，$f(X)$ を $X - c$ で割ると $f(c) \equiv 0 \pmod{p}$ より，
$$f(X) = (X - c)g(X) + f(c)$$
$$\equiv (X - c)g(X) \pmod{p\,[X]}$$
となる．したがって，$f(X) \equiv 0 \pmod{p}$ の解 a は $(a - c)g(a) \equiv 0 \pmod{p}$ を満たし，$p \mid (a-c)g(a)$ となる．定理 2.4.4 から，$p \mid a - c$ または $p \mid g(a)$，すなわち，$a \equiv c \pmod{p}$ または $g(a) \equiv 0 \pmod{p}$ となる．$g(X)$ は $n-1$ 次の多項式であるから，帰納法の仮定により，高々 $n-1$ 個の解をもつ．ゆえに，$f(X) \equiv 0 \pmod{p}$ の解の個数は高々 n である． □

◆注 3.5.19 p が素数でないときには成り立つとは限らない．実際，合同方程式
$$X^3 - X \equiv 0 \pmod 8$$
の解は，$x \equiv 0, 1, 3, 5, 7 \pmod 8$ の 5 つある．

系 3.5.20 (ウィルソン (Wilson) の定理) 素数 p に対して，
$$(p-1)! \equiv (-1)^p \pmod p$$
が成り立つ．ただし，$(p-1)! = (p-1) \cdot (p-2) \cdots 2 \cdot 1$ である．

証明． 合同方程式 $X^{p-1} - 1 \equiv 0 \pmod p$ を考えると，フェルマーの小定理 (系 3.4.15) から，$1, 2, \cdots, p-1$ が解であることがわかる．前定理から解の個数は高々 $p-1$ なので，
$$X^{p-1} - 1 \equiv (X-1)(X-2) \cdots (X-p+1) \pmod{p\,[X]}$$
が成り立ち，定数を比較して
$$-1 \equiv (-1)^{p-1}(p-1)! \pmod p$$
$$\therefore \quad (-1)^p \equiv (p-1)! \pmod p$$
を得る． □

○例 3.5.21 $p=2$ のときは自明なので，$p>2$ のとき，つまり奇素数のときを考えると，
$$(p-1)! + 1 \equiv 0 \pmod p$$
となる．つまり，$(p-1)! + 1$ は p の倍数となる．例えば $p=5, 13, 17$ の場合を考えると，
$$4! + 1 = 25 \equiv 0 \pmod 5,$$
$$12! + 1 = 479001601 \equiv 0 \pmod{13},$$
$$10! + 1 = 20922789888001 \equiv 0 \pmod{17}$$
である．

3.5 合同方程式

定理 3.5.22 (素数に関するオイラーの定理) 奇素数 p に関して, 次は同値である.
(1) $p \equiv 1 \pmod 4$.
(2) $x^2 \equiv -1 \pmod p$ は解をもつ.

証明. $q = (p-1)/2$ とおく.
(1) $\Rightarrow$ (2) $p-1$ は偶数より,

$$(p-1)! = \underbrace{1 \cdot 2 \cdots (q-1) \cdot q}_{q \text{ 個}} \cdot \underbrace{(q+1) \cdots (p-1)}_{q \text{ 個}}$$

となり, $p = 2q+1$ だから,

$$q+1 \equiv q+1-p = -q \pmod p,$$
$$q+2 \equiv q+2-p = -(q-1) \pmod p,$$
$$\cdots$$
$$p-1 \equiv p-1-p = -1 \pmod p$$

となる. q は偶数より $(-1)^q = 1$ で,

$$(p-1)! \equiv 1 \cdot 2 \cdots (q-1) \cdot q \cdot (-q) \cdots (-1) \pmod p$$
$$\equiv (-1)^q (q!)^2 \pmod p$$
$$\equiv (q!)^2 \pmod p.$$

ここで $c = (q!)^2$ とおくと, ウィルソンの定理から, $c^2 \equiv -1 \pmod p$.
(2) $\Rightarrow$ (1) $c^2 \equiv -1 \pmod p$ とすると,

$$c^{p-1} \equiv (c^2)^q \equiv (-1)^q \pmod p.$$

フェルマーの小定理 (系 3.4.15) から, $c^{p-1} \equiv 1 \pmod p$ なので, $1 - (-1)^q \equiv 0 \pmod p$ となる. ゆえに,

$$1 - (-1)^q = \begin{cases} 0 & (q \text{ が偶数のとき}), \\ 2 & (q \text{ が奇数のとき}). \end{cases}$$

ここで $p > 2$ より q は偶数となり, $p \equiv 1 \pmod 4$ となる. □

○例 **3.5.23** 定理の条件を満たす素数 $5, 13, 17$ を考えると，
$$2^2 + 1 \equiv 0 \pmod 5,$$
$$(6!)^2 + 1 = 518401 \equiv 0 \pmod{13},$$
$$(8!)^2 + 1 = 1625702401 \equiv 0 \pmod{17}$$
となる．

定理 3.5.24 (フェルマーの **2 平方定理**)　奇素数 p に関して，次は同値である．
(1) $p \equiv 1 \pmod 4$.
(2) $p = x^2 + y^2$ は解をもつ．

証明．(1) $\Rightarrow$ (2)　素数に関するオイラーの定理 3.5.22 から，$c^2 \equiv 1 \pmod p$ を満たす自然数 c が存在する．集合 $\{(x,y) \mid 0 \leq x, y < \sqrt{p}\}$ の元の個数は $([\sqrt{p}] + 1)^2$ で p 個より多い．ここで $[\ ]$ はガウス記号である．したがって，$(x_1, y_1) \neq (x_2, y_2)$ で
$$x_1 - cy_1 \equiv x_2 - cy_2 \pmod p$$
を満たすものが存在する．$x = |x_1 - x_2|, y = |y_1 - y_2|$ とおくと，
$$x^2 \equiv c^2 y^2 \pmod p$$
$$x^2 \equiv -y^2 \pmod p$$
$$\therefore \quad x^2 + y^2 \equiv 0 \pmod p$$
ここで $0 < x, y < \sqrt{p}$ より，$x^2 + y^2 = p$ となる．

(2) $\Rightarrow$ (1)　$u^2 + v^2 = p$ とすると，$p \nmid v$ より，$vw \equiv 1 \pmod p$ を満たす自然数 w が存在する．
$$u^2 + v^2 \equiv 0 \pmod p$$
$$(uw)^2 + (vw)^2 \equiv 0 \pmod p$$
$$(uw)^2 + 1 \equiv 0 \pmod p$$
$$\therefore \quad (uw)^2 \equiv -1 \pmod p$$

素数に関するオイラーの定理 3.5.22 より，$p \equiv 1 \pmod 4$ となる． □

○例 **3.5.25** 定理の条件を満たす素数 $5, 13, 17, 29$ を考えると，
$$5 = 1 + 2^2, \quad 13 = 2^2 + 3^2,$$
$$17 = 1 + 4^2, \quad 29 = 2^2 + 5^2$$
となる．

4

合同式の応用：RSA暗号

この章では，現代社会における情報セキュリティとしての「暗号」について学ぶ．そのなかで特に合同式をとおして「RSA暗号」を紹介しよう．

4.1 暗　　号

暗号とは，与えられた文章 (**平文**) を何らかの方法で変換した (意味のない) 文字列のことである．またその方法を**暗号化**という．暗号化することによって，第三者には文章の内容を知られずに通信を行うことができる．一方で，暗号を受け取った側は決められた方法でもとの文章へ戻さなければ，通信を理解することはできない．暗号をもとの文章に戻す方法を**復号**という．また，暗号化や復号のつくり方を**鍵**という．

もっとも単純な暗号化が次である．

〇例 4.1.1 (シーザー式暗号)　次の文字列は何を表しているか？

　　　　　　　すいそおくさいけらお

この暗号を読む鍵は，日本語の平仮名を並べた「50音図」である．その順序に従って，上の暗号の各平仮名を2文字前にずらすと

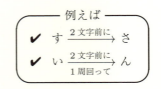

さんすうかけんきゅう

と読むことができる．つまり，この場合の暗号化は「50音順によって各文字を2文字後へ」，復号は「50音順によって各文字を2文字前へ」である．

このように，ある決められた文字の順序によって各文字を前後へずらす暗号を**シーザー式暗号**という．50音順以外にも，アルファベット順によって前後へずらす方法がある．

シーザー式暗号の不利な点は，すべての"ずらし"を試すことで簡単に復号ができてしまうことである．例えば，「50音順」の場合，高々49のずらしをすべて施せば，いずれかは平文と一致する．(「アルファベット順」の場合は25のずらしをすべて試せばよい．)

シーザー式暗号は，もっとも原始的な暗号の一つであり，その改良版は無数に存在する．例えば，1文字目を1つずらし，2文字目を2つずらし，… としても最初のシーザー式暗号より複雑になる．しかし，サンプルをたくさん集めることができれば，上でも述べたようにその解読方法を容易に突き止めることができ，暗号としては脆弱である．

他にも暗号には，
- 「換字式暗号」

ある規則で各文字を変換する．シーザー式暗号もこれの一種．

$$31033313212403228313 \xrightarrow{\text{ポケベル式}} さんすうかけんきゅう$$

ここで，**ポケベル**[1] **式暗号**とは，以下の表に従って，【平仮名やアルファ

---

[1] ポケベル (無線呼び出し，ポケットベル) は，1990年代に急速に普及した通信機器である．電話機から送信した数字列をポケベルで受け取ることができ，現在の携帯電話によるメール送受信の前身といえる．いまでもその入力方式の名残がある (例えば，「さ」の入力：携帯電話 → "3" を "1" 回押す，ポケベル → "31")．

4.2 RSA 暗号

ベット，数字，記号】と【2 つの数字の組】を対応させることで得られる暗号である．

	1	2	3	4	5	6	7	8	9	0
1	あ	い	う	え	お	A	B	C	D	E
2	か	き	く	け	こ	F	G	H	I	J
3	さ	し	す	せ	そ	K	L	M	N	O
4	た	ち	つ	て	と	P	Q	R	S	T
5	な	に	ぬ	ね	の	U	V	W	X	Y
6	は	ひ	ふ	へ	ほ	Z	?	!	-	/
7	ま	み	む	め	も	¥	&			
8	や	(	ゆ	)	よ	*	#	空白		
9	ら	り	る	れ	ろ	1	2	3	4	5
0	わ	を	ん	、	。	6	7	8	9	0

ただし，左の数字から読むこととする (例えば，「さ」は 31 と対応).

- 「転置式暗号」
  文字を入れ替える．

  けうすかんさんきゅう → さんすうかけんきゅう

などがあり，普段みかける暗号はこのどちらかが多い．これらの暗号の特徴は，**暗号化と復号に同一の鍵を用いている**点である．同一鍵を使う場合の注意点として，

- その鍵を秘密にしなければならない．(鍵を知られるとすべての通信が解読される．)
- 複数の人と通信するときにはその都度異なる鍵が必要である．(自分が A さんと B さんと同じ鍵で通信してしまい，何らかの原因で A さんとの会話が B さんに聞かれた場合，B さんはすべての会話を理解できてしまう．)

などがあげられ，鍵の管理が重要になる．

4.2　RSA 暗号

ここで紹介する「RSA 暗号」の特徴は，**暗号化の鍵と復号の鍵を別々にし，さらに一方の鍵を公開する**ことである．これによって，暗号化に使った鍵がわかったとしても復号することはできず，通信を解読されることはない．ここで，

秘密にする鍵 (自分でもっている鍵) を**秘密鍵**といい，公開する鍵を**公開鍵**という．

まずはとにかく，RSA 暗号による暗号化と復号を知ろう．RSA 暗号を使うまえに，平文を何らかの方法 (ポケベル式など) で数字に置き換えておく．

最初に準備するものは，2 つの異なる素数 p, q である．(実際にはできるだけ大きい素数がよい．) さらに，次の N, L を計算しておく．

$$N = pq, \quad L = (p-1)(q-1).$$

また，次の性質を満たす自然数を準備する．
- L と互いに素な自然数 e,
- 合同方程式 $ex \equiv 1 \pmod{L}$ の解 $x = d$.

ここで，秘密鍵および公開鍵は次である．

| 秘密 | p, q, L, d | 公開 | N と e |

◆注 **4.2.1** 2 つの素数 p, q の積である N を公開してしまうと，素因数分解によって (秘密にしている) p や q もわかってしまうような気がする．しかし，実際には巨大な素数を用いているため，その安全性が保たれている．(つまり，素因数分解は一般にはとても難しい．) 例えば，91 は素因数分解できる ($91 = 7 \cdot 13$) が，17617 を素因数分解することは難しい ($17617 = 79 \cdot 223$).

暗号化は次によって与えられる．

---- **RSA による暗号化** ----

与えられた平文 H (実際には数字) に対して次を施す：

$$H^e \pmod{N}.$$

ここで，e および N は公開されているため，**誰でも暗号化できる**ことに注意する．

これによって，新しい数字 H^e が得られた (これが暗号).

次に，復号を与える．

4.2 RSA暗号

> **RSAによる復号**
>
> 与えられた暗号 A (実際には数字) に対して次を施す:
>
> $$A^d \pmod{N}.$$
>
> ここで，d は秘密にしているため，**自分しかこの操作を施すことができない**ことに注意する．

さて，ここで大きな疑問が「この復号によって，もとの平文 H が得られているか？」である．答えは，YES．その理由は後の節にまかせることにして，例をみてみよう．[2]

○例 **4.2.2**　まずは準備からはじめよう．

> **準　備**
>
> (1) $p = 3$, $q = 11$
> (2) $N = p \cdot q = 33$
> (3) $L = (p-1)(q-1) = 20$
> (4) L と互いに素な自然数 $e = 3$
> (5) $3x \equiv 1 \pmod{20}$ の解 $d = 7$

平文 $H = 4$ を暗号化してみよう (公開鍵を使う，誰でも可能)．

$$4^e = 4^3 = 64 \equiv 31 \;(\equiv -2) \pmod{33}.$$

この 31 (-2 でも可) が今回の暗号 A である．

さて，暗号 -2 (31 でも可) を復号してみよう (秘密鍵を使う，自分だけ可能)．

$$(-2)^d = (-2)^7 \equiv -128 \equiv 4 \pmod{33}.$$

このように，無事に平文 $H = 4$ を得ることができた．

---

[2]　余談であるが，実際の使い方としては，A さんと秘密のやりとりをする場合，A さんに公開鍵を伝え，それで暗号化するよう頼むことになる．(このときもちろん，秘密鍵は教えない．)　もし，同じ鍵を用いて通信をした B さんに，A さんが暗号化した暗号文を見られたとしても，(復号には秘密鍵が必要のため) B さんにも解読されることはない．

◆注 **4.2.3** 暗号化および復号では，N を法としているため，高々 $0 \sim N-1$ の数字しか送ることができない ($N \equiv 0 \pmod{N}$ より，N と 0 を区別できない)．この場合は，より大きい素数 p, q を選ぶことで送信できる桁数 N を大きくするか，または，送りたい平文を分割するなど，工夫が必要である．

例えば，「5時 (ごじ)」を暗号化して送る場合，まずポケベル式で数字に置き換えて，"25043204" を得る．ここで，2桁ずつに区切って，"25" と "04" と "32" と "04" に分けて，例 4.2.2 を用いればよい．ただし，「5時 (5じ)」としてポケベル式変換を施すと，"903204" となり，"90" が $N = 33$ を超えるため，例 4.2.2 を使うことはできない．

4.3 応用：デジタル署名

前節では，「与えられた平文をどのように暗号化し，復号するか」について話を進めてきた．ここでは，RSA暗号 (秘密鍵 $\neq$ 公開鍵を用いる暗号) の応用として「デジタル署名」について紹介する．

「デジタル署名」とは，実際に "サイン" しなくても本人を特定するためのある種の暗号である．上で述べてきた「暗号」では，その暗号 (意味のない文字列) がいかに解読されないかが吟味されてきた (絶対に解かれないことが重要であった)．逆に，「デジタル署名」は**自分しか暗号化できない**ことを要求し，さらに**誰でも復号できる**ことが求められる．この "自分しか暗号化できない" ことが，本人を特定するための "サイン" や "印鑑" の代わりになる．

その方法は簡単である．(RSA暗号による暗号化の逆をたどるだけである．) 準備するものは，暗号化のときと同様なので，簡単に書いておく．

$$(1)\ p, q, \quad (2)\ N, \quad (3)\ L, \quad (4)\ e, \quad (5)\ d$$

| 秘密 | p, q, L, d | | 公開 | N と e |

また，デジタル署名として変換したいもの (名前や印鑑など) を数字に置き換えておく．

4.3 応用：デジタル署名

> **RSA によるデジタル署名**
>
> 署名する内容 S (実際には数字) に対して次を施す：
> $$S^d \pmod{N}.$$
> ここで，d は秘密にしているため，**自分だけがこの操作をできることに注意する**．

これがデジタル署名である．

次に，そのデジタル署名を確認する方法を与える．

> **デジタル署名の確認**
>
> 与えられたデジタル署名 D (実際には数字) に対して次を施す：
> $$D^e \pmod{N}.$$
> ここで，e および N は公開しているため，**誰でもこの操作を施すことができることに注意する**．

このように，秘密鍵をしっかり秘密にしておけば，署名をすることができるのは本人だけであり，実際のサインや押印のように本人であることが保証される．さらに，公開鍵は公開されているため，本人であることを誰でも確認することができる．

さて，暗号化と復号のときと同様に，本当に最初の署名に戻るかが疑問として残るが，その証明も同じく次の節にまかせることにする．

実際に例をみてみよう．

○例 4.3.1 次は，9 番目の干支 猿の (RSA 暗号を用いた) デジタル署名である．本物かどうか確認せよ．ただし，公開鍵は $N = 119, e = 5$ とする．

「猿のデジタル署名 $= 25$ (番目の干支)」

確認のために行う計算は次である．

$$25^e = 25^5 \pmod{119}.$$

5乗するのはとても大変なので，次の4つの工夫を施す．

① $25^5 = 5^{10}$

② $5^3 \equiv 6 \pmod{119}$

③ $6^3 = 2^3 \cdot 3^3$

④ $3^3 \cdot 5 \equiv 16 \pmod{119}$

すると，次を得る．

$$25^5 \stackrel{①}{=} 5^{10} \stackrel{②}{\equiv} 6^3 \cdot 5 \stackrel{③}{=} 2^3 \cdot 3^3 \cdot 5 \stackrel{④}{\equiv} 2^3 \cdot 16 \pmod{119}.$$

よって，

$$2^3 \cdot 16 = 128 \equiv 9 \pmod{119}$$

より，9番目の干支＝猿のデジタル署名であることが確認できる．

◆注 **4.3.2** 公開鍵と秘密鍵による暗号化や復号を用いて，暗号の作成とデジタル署名についてみてきた．ここで，それらの変換におけるよくある間違いについて注意したい．暗号を作成するときもデジタル署名を作成するときも，それぞれの鍵を用いるのは1回のみである．つまり，

- 公開鍵で変換 → 秘密鍵で開く (暗号の作成)，
- 秘密鍵で変換 → 公開鍵で開く (デジタル署名)．

公開鍵を2回用いても，秘密鍵を2回用いても平文を得ることはできないことに注意する．

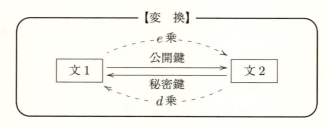

4.4 ハッキング

ここでは，RSA 暗号の安全性と解読について解説する．

RSA 暗号に用いるものは次の 5 つの整数である．

(1) 素数 p, q
(2) $N = pq$
(3) $L = (p-1)(q-1)$
(4) L と互いに素な自然数 e
(5) $ex \equiv 1 \pmod{L}$ の解 d

みてわかるように，われわれが自由にとれるものは p, q, e のみであり，残りの自然数 N, L, d は自動的に (一意的に) 決まる．しかし，e は公開してしまうため，安全性には無関係である．したがって，RSA 暗号の安全性は最初にとる素数 p, q にすべてがかかっている．

一方で，$N = pq$ を公開するため，N の素因数分解ができれば，p および q がわかってしまい，この RSA 暗号はハッキングされてしまう．

実際に，ふたたび例 4.2.2 をみてみよう．

○例 **4.4.1** 例 4.2.2 において，公開鍵 $N = 33, e = 3$ が公開されている．さて，この RSA 暗号は安全か? 答えは，NO である．なぜなら，$N = 3 \cdot 11$ と簡単に素因数分解ができ，p と q が 3 と 11 であることがわかる．よって，秘密のはずの $L = 20, d = 7$ を計算により得ることができる．これによって，暗号 29 を復号することが可能になり，暗号を解読することができる．

では，実際にはどのくらい大きな N (つまり，素数 p や q) をとれば，RSA 暗号の安全性が確保されるのだろうか? この問題はつまり，「素因数分解の問題」を考えることと同値であり，スーパーコンピュータの分野で盛んに研究が行われている．現在は 300 桁ほどの N をとれば安全といわれている．

他にも RSA 暗号はある状況下において脆弱性をもつ．ここでは，二種類の危険性について紹介する．

● 同一の " N " から異なる " e, d "

次のような状況を考える.

あるグループにおいて，RSA 暗号を管理する管理人 A を決める (A のみが RSA 暗号を構成する際の p, q を知っている)．また，グループ内の他のメンバー B, C は，A から鍵 e および d を発行してもらう (B の鍵を e_B, d_B とし，C の鍵を e_C, d_C としよう)．このような暗号システムを**共通 RSA 暗号**という ($N = pq$ は同一のものを使用する).

この共通 RSA 暗号は，次の状況で解読が可能である．

$$\boxed{e_B \text{ と } e_C \text{ が互いに素}}$$

実際に，B の公開鍵 N, e_B および C の公開鍵 N, e_C によって暗号化された平文 H を解読する手順をみてみよう．平文 H を B の公開鍵，C の公開鍵で暗号化した暗号をそれぞれ X_B, X_C とする．

得ている情報は，N, e_B, e_C, X_B, X_C である．ここで，e_B と e_C は互いに素であることより，

$$\ell \cdot e_B + m \cdot e_C = 1$$

となる整数 ℓ, m を得ることができる．このとき，平文 H は $X_B^\ell \cdot X_C^m$ と一致することを以下で確認しよう．暗号のつくり方より

$$X_B \equiv H^{e_B}, \ X_C \equiv H^{e_C} \pmod{N}$$

であることに注意して，

$$X_B^\ell \cdot X_C^m \equiv (H^{e_B})^\ell (H^{e_C})^m = H^{\ell \cdot e_B + m \cdot e_C} = H \pmod{N}.$$

このように，平文 H を解読することができる．

○**例 4.4.2** RSA 暗号方式のある公開鍵を 2 つ入手した：① $N = 221, e_1 = 5$；② $N = 221, e_2 = 13$ (共通の N)．さらに，これらの RSA 暗号方式による平文 H の暗号 ① $X_1 = 22$，② $X_2 = 29$ を得た．このとき，この暗号の解読を試みる．($N = 221$ を素因数分解することはそれほど難しくないが，ここではそれを使わずに解読する.)

4.4 ハッキング

Step 1: $e_1 = 5$ と $e_2 = 13$ が互いに素であることより，1 次不定方程式 $5x + 13y = 1$ を解くと $x = -5, y = 2$．

Step 2: $22^{-1} \equiv -10 \pmod{221}$ に注意して[3]，$X_1^{-5} \cdot X_2^2 \pmod{221}$ を計算すると $22^{-5} \cdot 29^2 \equiv 3 \pmod{221}$．

結果的に，平文 $H = 3$ が得られた．

◆注 **4.4.3** Step 1 において異なる解を用いても，同様の結果を得る．

● 共通の "e"

次の危険な状況は，同一の e を用いるときである．
A, B, C の 3 人の RSA 暗号の公開鍵をそれぞれ，

(A) N_{A}, e,
(B) N_{B}, e,
(C) N_{C}, e

とする (e が共通)．また，平文 H をそれぞれの公開鍵で暗号化した暗号を，$X_{\mathrm{A}}, X_{\mathrm{B}}, X_{\mathrm{C}}$ とする．つまり，次の 3 つの式を得る．

$$\begin{cases} X_{\mathrm{A}} \equiv H^e \pmod{N_{\mathrm{A}}} \\ X_{\mathrm{B}} \equiv H^e \pmod{N_{\mathrm{B}}} \\ X_{\mathrm{C}} \equiv H^e \pmod{N_{\mathrm{C}}} \end{cases}$$

ここで，(状況を簡単にするため) $N_{\mathrm{A}}, N_{\mathrm{B}}, N_{\mathrm{C}}$ は互いに素とし，$H^e \leqq N_{\mathrm{A}} \cdot N_{\mathrm{B}} \cdot N_{\mathrm{C}}$ と仮定する．

得ている情報は，$N_{\mathrm{A}}, N_{\mathrm{B}}, N_{\mathrm{C}}, e, X_{\mathrm{A}}, X_{\mathrm{B}}, X_{\mathrm{C}}$ である．この暗号を解読するためには，連立合同方程式

$$\begin{cases} x \equiv X_{\mathrm{A}} \pmod{N_{\mathrm{A}}} \\ x \equiv X_{\mathrm{B}} \pmod{N_{\mathrm{B}}} \\ x \equiv X_{\mathrm{C}} \pmod{N_{\mathrm{C}}} \end{cases}$$

---

[3] 合同式において，22^{-1} は通常の感覚とは異なる．つまり，$22^{-1} = \frac{1}{22}$ ではない．一般に，a^{-1} は a の逆数，つまり，a とかけたら 1 になる数を意味する．よっていまの場合，22^{-1} とは，$22x \equiv 1 \pmod{221}$ となる x のことである．したがって，$x \equiv -10 \pmod{221}$．

を解けばよい．実際，中国式剰余定理 (定理 3.5.13) より，この連立合同方程式は $N = N_A \cdot N_B \cdot N_C$ を法としてただ一つの解 X をもつ．一方，H^e は解の一つであり，$H^e \leq N$ より，X として実際の (N で割り算をしていない) H^e を得られたことになる．このように，平文 H を解読することができる．

○例 **4.4.4** RSA 暗号方式のある公開鍵を3つ入手した：① $N_1 = 46, e = 3$; ② $N_2 = 51, e = 3$; ③ $N_3 = 55, e = 3$ (共通の e)．さらに，これらの RSA 暗号方式による平文 H の暗号 ① $X_1 = 17$, ② $X_2 = 9$, ③ $X_3 = 20$ を得た．(ただし，$H^3 \leq 46 \cdot 51 \cdot 55$ とする．) このとき，この暗号の解読を試みる．(N_1, N_2, N_3 の素因数分解は容易だが，ここでもそれは使わずに解読する．)

Step 1: 次の連立合同方程式を解く．

$$\begin{cases} x \equiv 17 \pmod{46} \\ x \equiv 9 \pmod{51} \\ x \equiv 20 \pmod{55} \end{cases}$$

すると，$x \equiv 3375 \pmod{46 \cdot 51 \cdot 55}$．

Step 2: $H^3 = 3375$ を得る．1の位が5より，H の1の位も5である．15^3 を実際に計算して，$H = 15$ であることがわかる．

4.5 RSA 暗号の証明

ここでは，上記で解説してきた RSA 暗号が本当に暗号化・復号として意味をもつことを証明する．つまり，公開鍵 N, e および秘密鍵 p, q, L, d による二種類の操作：

(1) e 乗して，d 乗する (暗号化と復号),
(2) d 乗して，e 乗する (デジタル署名)

を施したとき，最初の平文と一致することを示す．

厳密に書けば，次である．

4.5 RSA暗号の証明

> **定理 4.5.1** p, q を異なる素数とする．また，$N = pq, L = (p-1)(q-1)$ とおき，e を L と互いに素な数とする．さらに，合同方程式 $ex \equiv 1 \pmod{L}$ の解を $x = d$ とおく．このとき，任意の自然数 a に対して，
> $$a^{ed} \equiv a \pmod{N}$$
> が成り立つ．

◆**注 4.5.2** 合同式において，指数 (肩に乗っている数) に対して，法を用いて計算してはならない．例えば，$5 \equiv 2 \pmod{3}$ であるが，$2^5 \equiv 2 \pmod{3}$，$2^2 \equiv 1 \pmod{3}$ となり，$2 \not\equiv 1 \pmod{3}$ である．

定理 4.5.1 の証明． まず，定理 3.4.22 より，
$$L = (p-1)(q-1) = \varphi(pq) = \varphi(N) \qquad (\spadesuit)$$
(これが L のとり方のポイント!) であることに気をつける．また，$ed \equiv 1 \pmod{L}$ より，
$$ed = bL + 1 \qquad (\clubsuit)$$
と書くことができる (b はある整数)．

自然数 a の値により，3 つの場合に分けて証明する．

(i) a が N と互いに素のとき： このとき，フェルマー・オイラーの定理 3.4.13 を適用することができる．よって，

$$\begin{aligned}
a^{ed} &\stackrel{(\clubsuit)}{=} a^{bL+1} \\
&\stackrel{(\spadesuit)}{=} \left(a^{\varphi(N)}\right)^b \cdot a \\
&\equiv 1^b \cdot a \pmod{N} \quad (\because \text{フェルマー・オイラーの定理}) \\
&= a \pmod{N}
\end{aligned}$$

より，題意の式を得る．

(ii) $a = p^s$ のとき： p と q は互いに素より，p と q に対して，フェルマー・オイラーの定理 3.4.13 が適用できる．
$$L = (p-1)(q-1) = \varphi(p)\varphi(q) \qquad (\diamondsuit)$$

であることに気をつけて，

$$p^{bL} \stackrel{(\diamondsuit)}{=\!=\!=} \left(p^{\varphi(q)}\right)^{b\varphi(p)}$$
$$\equiv 1^{b\varphi(p)} \pmod{q} \quad (\because \text{フェルマー・オイラーの定理})$$
$$= 1 \pmod{q},$$

さらに，両辺および法に p をかけて，

$$p^{ed} \stackrel{\clubsuit}{=\!=\!=} p^{bL} \cdot p \equiv p \pmod{pq} \qquad (\heartsuit)$$

を得る．よって，($a = p^s$ であることを思い出して)

$$a^{ed} = (p^{ed})^s \stackrel{(\heartsuit)}{=\!=\!=} p^s = a \pmod{pq}$$

となり，$N = pq$ より題意の式が成り立つ．

(iii) 任意の自然数 a のとき： $a = p^s q^t a'$ (a' は p および q を因子にもたない，$s, t \geqq 0$) と書くことができる．つまり，a' は N と互いに素である．このとき，(i), (ii) より，

- $(p^s)^{ed} \equiv p^s \pmod{N}$,
- $(q^t)^{ed} \equiv q^t \pmod{N}$,
- $(a')^{ed} \equiv a' \pmod{N}$

が成り立つ．したがって，

$$a^{ed} \equiv a \pmod{N}$$

を得る． □

4.6 RSA 暗号 (再考)

ここでは，RSA 暗号の仕組みを関数を使って再構築する．これは例えば，RSA 暗号をコンピュータで計算する (プログラムを書く) 際に必要となる (言葉による説明ではなく，式としての理解が必要である)．

自然数の組 (e, k) に対し，関数 $\mathrm{E}_k^e : \mathbb{N} \to \mathbb{N}$ を

$$\mathrm{E}_k^e(n) = n^e \pmod{k}$$

(n^e を k で割った余りの意味) で定義する．次の条件を満たす 3 つの自然数

4.6 RSA暗号 (再考)

d, e, k を考える.

(1) 自然数 e, k から，自然数 d をみつけだすことができない．

(2) $0 \leqq n < k$ なる自然数 n に対して，

$$\mathrm{E}_k^d\left(\mathrm{E}_k^e(n)\right) = n$$

が成り立つ.

自然数の組 (e, k) (これを**公開鍵**という) を公開して，文章を数値化して E_k^e を使って暗号化し，相手から e-mail を送ってもらう．自分に届いた時点で，整数 d (これを**秘密鍵**という) を使った関数 E_k^d でもとの文章が得られる．途中で e-mail を傍受した人はもちろん送った人でも，組 (e, k) から d をみつけだせないので，もとの文章を得ることはできない．この暗号の仕組みを **RSA暗号** という．

定理 4.6.1 p, q を異なる素数とし，e を $\mathrm{GCD}(e, (p-1)(q-1)) = 1$ となる自然数とする．定理 3.5.1 から，

$$de \equiv 1 \pmod{(p-1)(q-1)}$$

を満たす $1 \leqq d < (p-1)(q-1)$ がただ一つ存在する．このとき，$k = pq$ とおくと，$0 \leqq n < k$ に対し，

$$\mathrm{E}_k^d\left(\mathrm{E}_k^e(n)\right) = n$$

が成り立つ．

証明． 定理 3.4.22 から $\varphi(pq) = (p-1)(q-1)$ であり，

$$de = (p-1)(q-1)r + 1$$

となる自然数 r が存在する．$0 \leqq n < pq$ に対し，$\mathrm{GCD}(n, pq) = 1$, p または q である．

(i) $\mathrm{GCD}(n, pq) = 1$ のとき： フェルマー・オイラーの定理から

$$\mathrm{E}_k^d\left(\mathrm{E}_k^e(n)\right) \equiv n^{de} \pmod{pq}$$

$$\equiv n^{(p-1)(q-1)r+1} \pmod{pq}$$

$$\equiv (n^{(p-1)(q-1)})^r n \pmod{pq}$$
$$\equiv n \pmod{pq}$$

(ii) $\mathrm{GCD}(n, pq) = p$ または q のとき： $\mathrm{GCD}(n, pq) = p$ とすると，$\mathrm{GCD}(n, q) = 1$ となり，
$$n^{(p-1)(q-1)r} \equiv (n^{q-1})^{(p-1)r} \pmod{q}$$
$$\equiv 1 \pmod{q}.$$

したがって，$q \mid n^{(p-1)(q-1)r} - 1$ より，$pq \mid n^{(p-1)(q-1)r+1} - n$ を得る．ゆえに，$\mathrm{E}_k^d(\mathrm{E}_k^e(n)) \equiv n \pmod{pq}$ となる． $\square$

○例 **4.6.2** $p = 541, q = 863$ とすると，
$$k = pq = 466883,$$
$$(p-1)(q-1) = 465480.$$
$e = 229$ としたとき，
$$229d \equiv 1 \pmod{465480}$$
を解いて，$d = 235789$ とおけばよい．

次のような暗号でも，素因数分解さえできれば解読することができるのである．

◎問題 **4.6.3** RSA暗号で，公開鍵 (N, e) を $(1459307, 2707)$ としたとき，秘密鍵 p, q, L, d を求めよ．

5

有理数と小数

　この章では，整数を拡張して有理数と小数という数を扱う．分数は，$\dfrac{1}{3} = \dfrac{2}{6}$ など，同じ数が異なる表示をもつことから，小学校で習う算数のなかで難しいものの一つになっている．さらに，小数とその先にある実数について紹介する．実数は，無限に数が並ぶことによって定義できるという極限の考えからの構成について述べる．

5.1　有 理 数

　有理数は，次の集合における同値関係と同値類という概念で構成されている．

定義 5.1.1 (有理数)　$\Gamma = \{(a,b) \mid a,b \in \mathbb{Z},\ b \neq 0\}$ とおく．$(a,b), (c,d) \in \Gamma$ に対し，$ad - bc = 0$ のとき，

$$(a,b) \sim (c,d)$$

と関係を定めると，
(1)　$(a,b) \sim (a,b)$　　　（反射律）
(2)　$(a,b) \sim (c,d) \Longrightarrow (c,d) \sim (a,b)$　　　（対称律）
(3)　$(a,b) \sim (c,d), (c,d) \sim (e,f) \Longrightarrow (a,b) \sim (e,f)$　　　（推移律）
という同値関係がある．

このとき，$(a,b) \in \Gamma$ に対し，Γ の部分集合
$$\{(x,y) \in \Gamma \mid (x,y) \sim (a,b)\}$$
という同値類を $\dfrac{a}{b}$ (これを**分数表示**という) と書き，**有理数**とよぶ．この有理数を元とした集合，すなわち有理数全体の集合を $\mathbb{Q}$ と書く．

また，$\mathbb{Q}$ のなかで $\dfrac{m}{1} = \dfrac{n}{1}$ ならば $m = n$ を満たすので，$\dfrac{n}{1}$ と整数 n とを同一視でき，$\mathbb{Z} \subset \mathbb{Q}$ と考えることができる．

○例 5.1.2 $\dfrac{2}{3} = \dfrac{4}{6}$, $\dfrac{3}{5} = \dfrac{21}{35}$. より一般に，$0$ でない整数 k に対し，$\dfrac{a}{b} = \dfrac{ak}{bk}$ となる．

定義 5.1.3 (有理数の和・積) $\dfrac{a}{b}, \dfrac{c}{d} \in \mathbb{Q}$ に対し，
$$\frac{a}{b} + \frac{c}{d} = \frac{ad+bc}{bd} \left(= \frac{ad}{bd} + \frac{bc}{bd} \right),$$
$$\frac{a}{b} \cdot \frac{c}{d} = \frac{ac}{bd}$$
で，和・積を定義する．

有理数は異なる分数表示をもつので，どのような分数表示でも上記の和と積が**矛盾なく定義**[1]されているか，検証する必要がある．

命題 5.1.4 $\mathbb{Q}$ の和・積の定義は矛盾なく定義され，和と積の結合法則，可換法則と分配法則が成り立つ．

証明． $\dfrac{a}{b} = \dfrac{a'}{b'}, \dfrac{c}{d} = \dfrac{c'}{d'}$ とすると，$ab' = a'b, cd' = c'd$ となるので，

---

[1] この定義をすることによって論理的な矛盾が生じないことをいう．

5.1 有理数

$$(ad+bc)b'd' = ab'dd' + bb'cd'$$
$$= a'bdd' + bb'c'd$$
$$= (a'd' + b'c')bd.$$

したがって,
$$\frac{a}{b} + \frac{c}{d} = \frac{ad+bc}{bd} = \frac{a'd'+b'c'}{b'd'} = \frac{a'}{b'} + \frac{c'}{d'}$$

を満たす.同様に,$acb'd' = a'c'bd$ より
$$\frac{a}{b} \cdot \frac{c}{d} = \frac{ac}{bd} = \frac{a'c'}{b'd'} = \frac{a'}{b'} \cdot \frac{c'}{d'}$$

となる.

次に,
$$\left(\frac{a}{b} + \frac{c}{d}\right) + \frac{e}{f} = \frac{ad+bc}{bd} + \frac{e}{f} = \frac{adf+bcf+bde}{bdf}$$
$$= \frac{a}{b} + \frac{cf+de}{df} = \frac{a}{b} + \left(\frac{c}{d} + \frac{e}{f}\right) \quad \text{(和の結合法則)},$$

$$\left(\frac{a}{b} \cdot \frac{c}{d}\right) \cdot \frac{e}{f} = \frac{ac}{bd} \cdot \frac{e}{f} = \frac{ace}{bdf} = \frac{a}{b} \cdot \frac{ce}{df} = \frac{a}{b} \cdot \left(\frac{c}{d} \cdot \frac{e}{f}\right)$$
$$\text{(積の結合法則)},$$

$$\frac{a}{b} + \frac{c}{d} = \frac{ad+bc}{bd} = \frac{c}{d} + \frac{a}{b} \quad \text{(和の可換性)},$$

$$\frac{a}{b} \cdot \frac{c}{d} = \frac{ac}{bd} = \frac{c}{d} \cdot \frac{a}{b} \quad \text{(積の可換性)},$$

$$\left(\frac{a}{b} + \frac{c}{d}\right) \cdot \frac{e}{f} = \frac{ad+bc}{bd} \cdot \frac{e}{f} = \frac{ade+bce}{bdf} = \frac{ae}{bf} + \frac{ce}{df}$$
$$= \frac{a}{b} \cdot \frac{e}{f} + \frac{c}{d} \cdot \frac{e}{f},$$

$$\frac{a}{b} \cdot \left(\frac{c}{d} + \frac{e}{f}\right) = \frac{a}{b} \cdot \frac{cf+de}{df} = \frac{acf+ade}{bdf}$$
$$= \frac{a}{b} \cdot \frac{c}{d} + \frac{a}{b} \cdot \frac{e}{f} \quad \text{(分配法則)}$$

を満たす. □

◆注 5.1.5 $\dfrac{m}{1}, \dfrac{n}{1} \in \mathbb{Z}$ に対して,
$$\dfrac{m}{1} + \dfrac{n}{1} = \dfrac{m+n}{1},$$
$$\dfrac{m}{1} \cdot \dfrac{n}{1} = \dfrac{mn}{1}$$
により,有理数での和・積の定義は,整数での和・積の自然な拡張になっていることがわかる.

○例 5.1.6 $\dfrac{2}{3} = \dfrac{4}{6}, \dfrac{3}{5} = \dfrac{15}{25}$ のとき,
$$\begin{aligned}\dfrac{4}{6} + \dfrac{15}{25} &= \dfrac{4 \cdot 25 + 6 \cdot 15}{6 \cdot 25} \\ &= \dfrac{10(2 \cdot 5 + 3 \cdot 5)}{10 \cdot 15} \\ &= \dfrac{2 \cdot 5 + 3 \cdot 3}{3 \cdot 5} \\ &= \dfrac{2}{3} + \dfrac{3}{5}\end{aligned}$$
である.

○例 5.1.7 $a, b, c, d \in \mathbb{N}$ に対して,
$$\dfrac{a}{b} = \overbrace{\dfrac{1}{b} + \cdots + \dfrac{1}{b}}^{a\text{ 個}},$$
$$\dfrac{ad}{bd} = \overbrace{\dfrac{1}{bd} + \cdots + \dfrac{1}{bd}}^{ad\text{ 個}}$$
と考えられるので,有理数の和に関しては,
$$\begin{aligned}\dfrac{a}{b} + \dfrac{c}{d} &= \dfrac{ad}{bd} + \dfrac{bc}{bd} \\ &= \overbrace{\dfrac{1}{bd} + \cdots + \dfrac{1}{bd}}^{ad\text{ 個}} + \overbrace{\dfrac{1}{bd} + \cdots + \dfrac{1}{bd}}^{bc\text{ 個}}\end{aligned}$$

5.1 有理数

$$= \overbrace{\frac{1}{bd} + \cdots + \frac{1}{bd}}^{ad+bc \text{ 個}}$$

$$= \frac{ad+bc}{bd}$$

と考えられ，積に関しては，

$$\frac{1}{b} \cdot \frac{1}{d} = \frac{1}{bd}$$

から，

$$\frac{a}{b} \cdot \frac{c}{d} = \left(\overbrace{\frac{1}{b} + \cdots + \frac{1}{b}}^{a \text{ 個}} \right) \left(\overbrace{\frac{1}{d} + \cdots + \frac{1}{d}}^{c \text{ 個}} \right)$$

$$= \overbrace{\frac{1}{bd} + \cdots + \frac{1}{bd}}^{ac \text{ 個}}$$

$$= \frac{ac}{bd}$$

と考えることができる．

命題 **5.1.8** $\mathbb{Q}$ における 0 は $\dfrac{0}{1}$，1 は $\dfrac{1}{1}$ である．

証明．任意の有理数 $\dfrac{a}{b}$ に対して，

$$\frac{a}{b} + \frac{0}{1} = \frac{a+0}{b}$$

$$= \frac{a}{b},$$

同様に，

$$\frac{0}{1} + \frac{a}{b} = \frac{0+a}{b}$$

$$= \frac{a}{b}.$$

積については,
$$\frac{a}{b} \cdot \frac{1}{1} = \frac{a \cdot 1}{b \cdot 1}$$
$$= \frac{a}{b},$$
同様に,
$$\frac{1}{1} \cdot \frac{a}{b} = \frac{1 \cdot a}{1 \cdot b}$$
$$= \frac{a}{b}$$
となる. □

系 5.1.9 任意の 0 でない $\frac{a}{b} \in \mathbb{Q}$ に対して,乗法の逆元 (すなわち $\frac{a}{b}$ にかけて 1 となる有理数) が存在する.

証明. 「$\frac{a}{b}$ が 0 でない $\iff a \neq 0$」であるから,$\frac{b}{a} \in \mathbb{Q}$ であり,
$$\frac{a}{b} \cdot \frac{b}{a} = \frac{ab}{ab} = \frac{1}{1}$$
である. □

○例 **5.1.10** 数の演算は,代数的には足し算 + とかけ算 × だけからなり,引き算 − はマイナスの数を足す,割り算 ÷ は逆数をかけるということになる. すなわち,
$$\alpha - \beta = \alpha + (-\beta), \quad \alpha \div \beta = a \times \frac{1}{\beta}.$$
ここで $\alpha = \frac{a}{b}$, $\beta = \frac{c}{d}$ とすれば,$\frac{1}{\beta} = \frac{d}{c}$ となるので,
$$\frac{a}{b} \div \frac{c}{d} = \frac{a}{b} \times \frac{d}{c} = \frac{ad}{bc}$$
となる. $\alpha \cdot \beta$ をあえて言葉で言うなら,「α を 1 の割合のときの値としたときの β の割合のときの値」となる. このとき $\alpha \div \beta$ は逆の操作となるので,「α を β のときの割合の値としたときの 1 の割合のときの値」となり,これを β 倍すれば α になる. α はどのような値でもよいので,

5.1 有理数

$$\div \beta = \times \frac{1}{\beta}$$

だとわかる.

命題 5.1.11 任意の $\frac{a}{b} \in \mathbb{Q}$ に対して,
$$\frac{a}{b} = \frac{a'}{b'}, \ \mathrm{GCD}(a', b') = 1$$
を満たす $a' \in \mathbb{Z}$, $b' \in \mathbb{N}$ がただ一組存在する. この分数表示を**既約分数表示**という.

証明. <u>存在すること</u> $\mathrm{GCD}(a,b) = d$ とおくと, $a = a'd$, $b = b'd$ と書くことができ, 命題 2.1.11 から $\mathrm{GCD}(a', b') = 1$ となる. また, $a'b = a'b'd = a'b$ より $\frac{a}{b} = \frac{a'}{b'}$ ($b' < 0$ のときは $\frac{-a'}{-b'}$) である.

<u>ただ一組であること</u> $\frac{e}{f} = \frac{a'}{b'}$ ならば $ea' = fb'$ となり, 定理 2.2.7 から $e = b'k$, $f = a'l$ と表せる. このとき $k = l$ となり, これから表示の一意性が成り立つ. □

定義 5.1.12 $\frac{a}{b}, \frac{c}{d} \in \mathbb{Q}$ に対して, $bd(ad - bc) > 0$ のとき,
$$\frac{a}{b} > \frac{c}{d} \quad \left(\text{または } \frac{c}{d} < \frac{a}{b}\right)$$
と大小関係を定める.

○**例 5.1.13** $13 \cdot 11(4 \cdot 11 - 13 \cdot 3) = 715 > 0$ より
$$\frac{4}{13} > \frac{3}{11},$$
$(-5) \cdot 7(2 \cdot 7 - (-3) \cdot (-5)) = 35 > 0$ より
$$\frac{2}{-5} > \frac{-3}{7}.$$

> **命題 5.1.14** $\dfrac{a}{b}, \dfrac{c}{d}, \dfrac{e}{f} \in \mathbb{Q}$ に対し，次が成り立つ.
>
> (1) $\dfrac{a}{b} > 0 \; (< 0) \Longleftrightarrow ab > 0 \; (< 0)$.
>
> (2) $\dfrac{a}{b} > 0, \; \dfrac{c}{d} < \dfrac{e}{f} \Longrightarrow \dfrac{a}{b} \cdot \dfrac{c}{d} < \dfrac{a}{b} \cdot \dfrac{e}{f}$.
>
> (3) $\dfrac{a}{b} < 0, \; \dfrac{c}{d} < \dfrac{e}{f} \Longrightarrow \dfrac{a}{b} \cdot \dfrac{c}{d} > \dfrac{a}{b} \cdot \dfrac{e}{f}$.

証明. (1) $ab = b \cdot 1(a \cdot 1 - b \cdot 0) > 0 \Longleftrightarrow \dfrac{a}{b} > \dfrac{0}{1}$.

(2) 条件から，$ab > 0, \; df(ed - cf) > 0$ となり，
$$b^2 df(aebd - acbf) = ab \cdot b^2 df(ed - cf) > 0$$
となるので，$\dfrac{a}{b} \cdot \dfrac{c}{d} < \dfrac{a}{b} \cdot \dfrac{e}{f}$ が得られる．

(3) 条件から，$ab < 0, \; df(ed - cf) > 0$ となり
$$b^2 df(aebd - acbf) = ab \cdot b^2 df(ed - cf) < 0$$
となるので，$\dfrac{a}{b} \cdot \dfrac{c}{d} > \dfrac{a}{b} \cdot \dfrac{e}{f}$ が得られる． □

○**例 5.1.15** 正の有理数 $\dfrac{a}{b}, \dfrac{c}{d}$ に対し，$0 < \dfrac{c}{d} < 1$ となっているとき，
$$\frac{a}{b} > \frac{a}{b} \cdot \frac{c}{d}$$
を，次のように考えることができる．$c < d$ となっていることに注意すると，
$$\frac{a}{b} = \frac{a}{b} \cdot 1$$
$$= \frac{a}{b} \cdot \left(\overbrace{\frac{1}{d} + \cdots + \frac{1}{d}}^{d \text{ 個}} \right)$$
$$> \frac{a}{b} \cdot \left(\overbrace{\frac{1}{d} + \cdots + \frac{1}{d}}^{c \text{ 個}} \right)$$
$$= \frac{a}{b} \cdot \frac{c}{d}$$
とわかる．

> **命題 5.1.16** (有理数の稠密性) $\frac{a}{b} > \frac{c}{d}$ に対し，$\frac{a}{b} > x > \frac{c}{d}$ となる $x \in \mathbb{Q}$ が存在する．この性質を**稠密性**という．

証明． $x = \frac{1}{2}\left(\frac{a}{b} + \frac{c}{d}\right) = \frac{ad+bc}{2bd}$ とおくと，

$$\frac{a}{b} - x = \frac{2ad}{2bd} - \frac{ad+bc}{2bd}$$

$$= \frac{ad-bc}{2bd} > 0,$$

$$x - \frac{c}{d} = \frac{ad+bc}{2bd} - \frac{2bc}{2bd}$$

$$= \frac{ad-bc}{2bd} > 0$$

となり，この x は $\frac{a}{b} > x > \frac{c}{d}$ を満たす． □

5.2 エジプトの分数への応用

古代エジプトの数学書に，1 から 99 までの自然数 n に対して，

$$\frac{2}{n} = \frac{1}{n_1} + \cdots + \frac{1}{n_r} \quad (1 \leqq r \leqq 4)$$

という，2 つ以上の**単位分数** (すなわち分子が 1 の分数) の和で書いた結果が載っている．例えば，

$$\frac{2}{5} = \frac{1}{3} + \frac{1}{15}, \quad \frac{2}{7} = \frac{1}{4} + \frac{1}{28}, \quad \frac{2}{9} = \frac{1}{6} + \frac{1}{18}$$

$$\frac{2}{11} = \frac{1}{6} + \frac{1}{66}, \quad \frac{2}{13} = \frac{1}{8} + \frac{1}{52} + \frac{1}{104}$$

である．

古代エジプトの人々は，分数の分子を 1 と決めていたためこのような結果が必要だったようである．

まず最初に，分数 $\frac{a}{b}$ ($0 < a < b$) を異なる単位分数の和で表すことを考える．

> **定理 5.2.1** 分数 $\dfrac{a}{b}$ $(0 < a < b)$ は異なる単位分数の和で表せる.

証明. 分数 $\dfrac{a}{b}$ を超えない最大の単位分数 $\dfrac{1}{n_1}$ をとると,

$$\frac{1}{n_1} \leqq \frac{a}{b} < \frac{1}{n_1 - 1}$$

となる. 最初の不等式を $n_1 b$ 倍すると,

$$b \leqq n_1 a,$$

よって
$$0 \leqq n_1 a - b$$

が得られる. 次に, 2番目の不等式を $(n_1 - 1)b$ 倍すると,

$$n_1 a - a < b,$$

よって
$$n_1 a - b < a$$

が得られる. したがって

$$0 \leqq n_1 a - b < a$$

となる.

$$\begin{cases} a_1 = n_1 a - b \\ b_1 = n_1 b \end{cases}$$

とおくと, $0 \leqq a_1 < a$ で

$$\frac{a}{b} - \frac{1}{n_1} = \frac{n_1 a - b}{n_1 b}$$
$$= \frac{a_1}{b_1}$$

となる.

同様にして, 分数 $\dfrac{a_1}{b_1}$ を超えない最大の単位分数 $\dfrac{1}{n_2}$ をとり,

$$\begin{cases} a_2 = n_2 a_1 - b_1 \\ b_2 = n_2 b_1 \end{cases}$$

とおくと, $0 \leqq a_2 < a_1$ で,

5.2 エジプトの分数への応用

$$\frac{a_1}{b_1} - \frac{1}{n_2} = \frac{n_2 a_1 - b_1}{n_2 b_1}$$
$$= \frac{a_2}{b_2}$$

が得られる．これを繰り返すと，

$$\frac{a}{b} = \frac{1}{n_1} + \cdots + \frac{1}{n_r} + \frac{a_r}{b_r} \quad (0 \leqq a_r < \cdots < a_1 < a)$$

が得られ，$a_r = 0$ となる r $(1 \leqq r \leqq a)$ が存在する． □

○例 **5.2.2** エジプトの数学書では

$$\frac{2}{15} = \frac{1}{10} + \frac{1}{30},$$
$$\frac{2}{17} = \frac{1}{12} + \frac{1}{51} + \frac{1}{68},$$
$$\frac{2}{19} = \frac{1}{12} + \frac{1}{76} + \frac{1}{114}$$

となっているのだが，定理の証明で使った方法を使うと，実際，

$$\frac{2}{15} = \frac{1}{8} + \frac{1}{120},$$
$$\frac{2}{17} = \frac{1}{9} + \frac{1}{153},$$
$$\frac{2}{19} = \frac{1}{10} + \frac{1}{190}$$

である．

このことの延長として，次の問題がでてくる．自然数 k に対して，

$$\frac{2}{2k+1} = \frac{1}{x} + \frac{1}{y}$$

を満たす $x < y$ となる自然数解 (x, y) が存在するか？これに対しては，

$$\frac{2}{2k+1} - \frac{1}{k+1} = \frac{1}{(k+1)(2k+1)},$$

式変形して

$$\frac{2}{2k+1} = \frac{1}{k+1} + \frac{1}{(k+1)(2k+1)}$$

より，$(x,y) = (k+1, (k+1)(2k+1))$ という解をもつことがわかる．

では，このような解はすべて求められるか? という問題がでてくる．すなわち，奇数 a に対して，
$$\frac{2}{a} = \frac{1}{x} + \frac{1}{y} \tag{*}$$
を満たす $x < y$ となる自然数解 (x,y) を考えると，
$$\frac{2}{a} = \frac{1}{x} + \frac{1}{y}$$

より
$$\frac{2}{a} = \frac{x+y}{xy}$$

となり，
$$\begin{cases} x+y = 2z \\ xy = az \end{cases}$$

となる整数 z が存在することになる．ここで，2次方程式の根と係数の関係を使うと，x, y は2次方程式
$$(X-x)(X-y) = 0$$

より
$$X^2 - (x+y)X + xy = 0,$$

したがって
$$X^2 - 2zX + az = 0$$

の根となることがわかる．この2次方程式を解くと，
$$(X-z)^2 - z^2 + az = 0,$$

式変形して
$$(X-z)^2 = z^2 - az$$
$$X - z = \pm\sqrt{z^2 - az}$$
$$\therefore \quad X = z \pm \sqrt{z^2 - az}$$

という根が得られる．条件から，
$$(x,y) = (z - \sqrt{z^2 - az}, z + \sqrt{z^2 - az})$$

5.2 エジプトの分数への応用

となる．これが整数となるためには $z^2 - az$ が平方数 b^2 となっていなければならない．
$$z^2 - az = b^2,$$
式変形して
$$z^2 - az - b^2 = 0.$$
z の 2 次方程式として根を求めると，
$$\left(z - \frac{a}{2}\right)^2 - \frac{a^2}{4} - b^2 = 0 \quad \text{より} \quad \left(z - \frac{a}{2}\right)^2 = \frac{a^2 + 4b^2}{4}$$
$$\text{よって，} \quad z - \frac{a}{2} = \pm\sqrt{\frac{a^2 + 4b^2}{4}} \quad \therefore \quad z = \frac{a \pm \sqrt{a^2 + 4b^2}}{2}$$
z は自然数なので
$$z = \frac{a + \sqrt{a^2 + (2b)^2}}{2}$$
となる．したがって，
$$a^2 + (2b)^2 = c^2$$
を満たす自然数 c が存在しなければならない．すなわち，奇数 a に対して，**ピタゴラス数** (a, b, c) を求めることになる．このとき，$X = \dfrac{a+c}{2} \pm b$ より，
$$(x, y) = \left(\frac{a+c}{2} - b, \frac{a+c}{2} + b\right)$$
が式 $(*)$ の解となる．以上をまとめると，次のようになる．

定理 5.2.3 奇数 a に対し，方程式
$$\frac{2}{a} = \frac{1}{x} + \frac{1}{y}$$
を満たす $x < y$ となる自然数解 (x, y) は
$$a^2 + (2b)^2 = c^2$$
を満たす (b, c) に対し，$(x, y) = \left(\dfrac{a+c}{2} - b, \dfrac{a+c}{2} + b\right)$ となる．

○例 **5.2.4** (1) $\dfrac{2}{9} = \dfrac{1}{x} + \dfrac{1}{y}$ を満たす $x < y$ となる自然数解 (x, y) は

$$9^2 + (2b)^2 = c^2$$

より，
$$9^2 = c^2 - (2b)^2$$
$$= (c - 2b)(c + 2b)$$

を満たす自然数は

b	c	$c - b^2$	$c + 2b$
6	15	3	27
20	21	1	81

となる．よって $(b, c) = (6, 15), (20, 41)$，したがって，$(x, y) = (6, 18), (5, 45)$，すなわち
$$\dfrac{2}{9} = \dfrac{1}{6} + \dfrac{1}{18} = \dfrac{1}{5} + \dfrac{1}{45}.$$

(2) $\dfrac{2}{13} = \dfrac{1}{x} + \dfrac{1}{y}$ を満たす $x < y$ となる自然数解 (x, y) は

$$13^2 + (2b)^2 = c^2$$

より，
$$13^2 = c^2 - (2b)^2$$
$$= (c - 2b)(c + 2b)$$

を満たす自然数は

b	c	$c - b^2$	$c + 2b$
42	85	1	169

となる．よって $(b, c) = (42, 85)$，したがって，$(x, y) = (7, 91)$，すなわち
$$\dfrac{2}{13} = \dfrac{1}{7} + \dfrac{1}{91}.$$

◎問題 **5.2.5** 次の方程式を満たす $x < y$ となる自然数解 (x, y) を求めよ．

(1) $\dfrac{2}{11} = \dfrac{1}{x} + \dfrac{1}{y}$ (2) $\dfrac{2}{15} = \dfrac{1}{x} + \dfrac{1}{y}$ (3) $\dfrac{2}{17} = \dfrac{1}{x} + \dfrac{1}{y}$

(4) $\dfrac{2}{19} = \dfrac{1}{x} + \dfrac{1}{y}$ (5) $\dfrac{2}{21} = \dfrac{1}{x} + \dfrac{1}{y}$

5.3 小数と実数

ピタゴラスの時代から，右図のような直角二等辺三角形を考え，有理数では表せない数，すなわち無理数が存在することはわかっていた．このことは命題 2.4.8，例 2.4.9 からもわかる．ここでは，有限小数の極限として実数を考えていく．

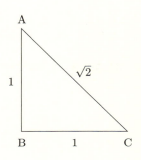

定義 5.3.1 (有限小数) 次のような分数の和
$$a = a_0 + \frac{a_1}{10} + \frac{a_2}{10^2} + \cdots + \frac{a_n}{10^n}$$
$$(a_0 \in \mathbb{N},\ 0 \leqq a_i \leqq 9\ (i \geqq 1),\ a_n \neq 0)$$
を
$$a = a_0.a_1 a_2 \cdots a_n$$
と書き，これを a の**小数表示**という．またこのとき，a を正の**有限小数**といい，$-a$ を負の**有限小数**という．

小数を考えるうえで，次の補題は有用である．

補題 5.3.2 自然数 n と $x \neq 1$ の数に対して
$$\frac{1-x^{n+1}}{1-x} = 1 + x + x^2 + \cdots + x^n$$
が成り立つ．

証明． $S = 1 + x + x^2 + \cdots + x^n$ とおくと，
$$S - xS = 1 + x + x^2 + \cdots + x^n - x(1 + x + x^2 + \cdots + x^n).$$
よって
$$(1-x)S = 1 - x^{n+1}.$$

両辺を $1-x$ で割ると
$$S = \frac{1-x^{n+1}}{1-x}$$
となる. □

○例 **5.3.3** 上の補題を $x = \dfrac{1}{10}$ の場合に考えると,

$$\begin{aligned}
1 - \frac{1}{10^{n+1}} &= \left(1 - \frac{1}{10}\right)\left(1 + \frac{1}{10} + \frac{1}{10^2} + \cdots + \frac{1}{10^n}\right) \\
&= \frac{9}{10} \cdot \left(1 + \frac{1}{10} + \frac{1}{10^2} + \cdots + \frac{1}{10^n}\right) \\
&= \frac{9}{10} + \frac{9}{10^2} + \frac{9}{10^3} + \cdots + \frac{9}{10^{n+1}}.
\end{aligned}$$

小数表示でみると,

$$1 - 0.\overbrace{0\cdots 0}^{n\text{ 個}}1 = 0.\overbrace{9\cdots 9}^{n+1\text{ 個}}$$

のことである.

$x=10$ の場合に考えると, $\dfrac{1-x^{n+1}}{1-x} = \dfrac{x^{n+1}-1}{x-1}$ なので,

$$\begin{aligned}
10^{n+1} - 1 &= (10-1)(1 + 10 + 10^2 + \cdots + 10^n) \\
&= 9 \cdot (10^n + \cdots + 10^2 + 10 + 1) \\
&= 9 \cdot 10^n + 9 \cdot 10^{n-1} + \cdots + 9 \cdot 10^2 + 9 \cdot 10 + 9.
\end{aligned}$$

10 進法表示でみると,

$$\overbrace{10\cdots 0}^{n+1\text{ 個}} - 1 = \overbrace{9\cdots 9}^{n+1\text{ 個}}$$

のことである. なお, この x は自然数 m ならばよいので, m 進法表示でも同様のことがいえる.

系 5.3.4 任意の自然数 k, r に対して

$$\frac{1}{10^k} - \left(\frac{9}{10^{k+1}} + \frac{9}{10^{k+2}} + \cdots + \frac{9}{10^{k+r}}\right) = \frac{1}{10^{k+r}}$$

が成り立つ. これを小数表示で書くと,

5.3 小数と実数

$$0.\overbrace{0\cdots0}^{k-1\text{個}}1 - 0.\overbrace{0\cdots0}^{k\text{個}}\overbrace{9\cdots9}^{r\text{個}} = 0.\overbrace{0\cdots0}^{k+r-1\text{個}}1$$

となる.

証明. $S = \dfrac{9}{10^{k+1}} + \dfrac{9}{10^{k+2}} + \cdots + \dfrac{9}{10^{k+r}}$ とおくと, 補題 5.3.12 より

$$S = \frac{9}{10^{k+1}}\left(1 + \frac{1}{10} + \cdots + \frac{1}{10^{r-1}}\right)$$

$$= \frac{9}{10^{k+1}}\left(\frac{1 - \dfrac{1}{10^r}}{1 - \dfrac{1}{10}}\right)$$

$$= \frac{1}{10^k} - \frac{1}{10^{k+r}}$$

となる. □

命題 5.3.5 2つの有限小数 $a = a_0.a_1a_2\cdots a_m$, $b = b_0.b_1b_2\cdots b_n$ に対して, 次は同値である.
(1) $a = b$.
(2) $m = n$ かつ $a_i = b_i$ $(0 \leqq i \leqq n)$.

証明. (2) ⇒ (1) は明らかである.

(1) ⇒ (2) ある k が存在して, $a_i = b_i$ $(0 \leq i \leq k-1)$ で $a_k > b_k$ だったとする. $a'_k = a_k - 1$ とおくと, 系 5.3.4 から,

$$a_0.a_1\cdots a_k a_{k+1}\cdots a_m > a_0.a_1\cdots a_{k-1}a'_k\overbrace{9\cdots9}^{n-k\text{個}}$$

が成り立つ. したがって,

$$a_0.a_1\cdots a_{k-1}a'_k\overbrace{9\cdots9}^{n-k\text{個}} \geqq b_0.b_1\cdots b_{k-1}b_k b_{k+1}\cdots b_n$$

となり, $a > b$ である. これは矛盾なのですべての $i \geqq 0$ に対して $a_i = b_i$ となる. $a_k < b_k$ となる k がある場合も同様である. □

定義 5.3.6 (実数) 次のような分数の無限和
$$a = a_0 + \frac{a_1}{10} + \frac{a_2}{10^2} + \cdots + \frac{a_n}{10^n} + \cdots$$
$$(a_0 \in \mathbb{N},\ 0 \leqq a_i \leqq 9\ (i \geqq 1))$$
を
$$a = a_0.a_1 a_2 \cdots a_n \cdots$$
と書き，正の**実数**という．$-a$ を負の実数といい，0 とあわせて**実数**という．すなわち，実数とは有限小数の極限値として定義される．さらに有理数でない実数を**無理数**という．

実数において，2つの数が等しいかどうかは，差があるかないかで考える．次の補題がその典型的な例である．

補題 5.3.7 実数 $0.a_1 a_2 \cdots a_n \cdots$ が，すべての $n \geqq 1$ に対して $a_n = 9$ を満たすとき，
$$0.a_1 a_2 \cdots a_n \cdots = 1$$
が成り立つ．すなわち，
$$0.999 \cdots = 1$$
である．

証明． 例 5.3.3 でみたように，任意の自然数 n に対して，
$$0.\overbrace{9\cdots 9}^{n\text{ 個}} = 1 - \frac{1}{10^n}$$
が成り立つ．このとき n が大きくなると，$\dfrac{1}{10^n}$ は 0 に近づき，極限値は 0 となる．したがって，
$$0.999\cdots = 1$$
となる． □

5.3 小数と実数

> **命題 5.3.8** 2つの実数 $a = a_0.a_1a_2\cdots$, $b = b_0.b_1b_2\cdots$ に対して，次は同値である．
> (1) $a = b$.
> (2) 次のいずれか一つが成り立つ．
>   (a) $a_i = b_i$ $(n \geqq 0)$.
>   (b) $k \geqq 0$ が存在して，
> $$a_i = b_i \ (i < k), \quad a_k - 1 = b_k, \quad a_j = 0, \quad b_j = 9 \ (j > k).$$
>   (c) $k \geqq 0$ が存在して，
> $$a_i = b_i \ (i < k), \quad a_k = b_k - 1, \quad a_j = 9, \quad b_j = 0 \ (j > k).$$

証明． (2) $\Rightarrow$ (1) は明らかである．

(1) $\Rightarrow$ (2) ある k が存在して，$a_i = b_i$ $(0 \leqq i \leqq k-1)$ で $a_k > b_k$ だったとする．$a_k' = a_k - 1$ とおくと，系 5.3.4 から，次の不等式が成り立つ．

$$a_0.a_1\cdots a_k a_{k+1}\cdots a_m \geqq a_0.a_1\cdots a_{k-1} a_k' 999\cdots$$
$$\geqq b_0.b_1\cdots b_{k-1} b_k b_{k+1} b_{k+2}\cdots$$

補題 5.3.7 から，等しくなるのは (b) の場合のみである． □

つまり，

$$0.\overbrace{0\cdots 0}^{k \text{ 個}} 999\cdots = 0.\overbrace{0\cdots 0}^{k-1 \text{ 個}} 1$$

と小数表示の仕方が2つあることをいっている．通常は右辺の表示で考える．

> **定義 5.3.9** 実数 $a = a_0.a_1a_2\cdots$ が，次の条件 (∗) を満たすとき，**(混) 循環小数**という．
> (∗) ある非負整数 k, l $(l > 0)$ が存在して，
> $$a_{k+nl+i} = a_{k+i} \ (1 \leqq i < l)$$
> が任意の非負整数 n について成り立つ．

このとき，
$$a = a_0.a_1\cdots a_k \dot{a}_{k+1}\cdots \dot{a}_{k+l}$$
と書く．さらに，循環小数 $a = a_0.a_1 a_2 \cdots$ が，$a_0 = 0, k = 0$ の条件を満たすとき，すなわち $a = a_0.\dot{a}_1 \cdots \dot{a}_l$ のとき，**純循環小数**という．繰り返しの最小の列 $a_{k+1}\cdots a_{k+l}$ を**循環節**という．

◆注 **5.3.10** 循環小数 $a = a_0.a_1\cdots a_k\dot{a}_{k+1}\cdots\dot{a}_{k+l}$ を有理数の和の形で書くことを考える．まず，有限小数 $a_0.a_1\cdots a_k$ は
$$a_0.a_1\cdots a_k = a_0 + \frac{a_1}{10} + \cdots + \frac{a_k}{10^k}$$
と書くことができる．$0.\overbrace{0\cdots 0}^{k\text{ 個}}a_{k+1}a_{k+2}\cdots a_{k+l}$ は
$$0.\overbrace{0\cdots 0}^{k\text{ 個}}a_{k+1}a_{k+2}\cdots a_{k+l} = \frac{a_{k+1}}{10^{k+1}} + \frac{a_{k+2}}{10^{k+2}} + \cdots + \frac{a_{k+l}}{10^{k+l}}$$
$$= \frac{1}{10^{k+l}}(a_{k+1}10^{l-1} + a_{k+2}10^{l-2} + \cdots + a_{k+l})$$
と書くことができる．したがって $c = a_{k+1}10^{l-1} + a_{k+2}10^{l-2} + \cdots + a_{k+l}$ とおいたとき，$\frac{1}{10^{il}}$ $(i \in \mathbb{N})$ ごとに繰り返すので，
$$a = a_0 + \frac{a_1}{10} + \cdots + \frac{a_k}{10^k} + \frac{c}{10^k}\left(\frac{1}{10^l} + \frac{1}{10^{2l}} + \cdots\right)$$
という形になっていることがわかる．

無限に続く $\frac{1}{10^l} + \frac{1}{10^{2l}} + \cdots$ の部分を考えると，次のようになることがわかる．

補題 5.3.11 自然数 l に対して
$$\frac{1}{10^l - 1} = \frac{1}{10^l} + \frac{1}{10^{2l}} + \cdots$$
が成り立つ．

5.3 小数と実数

証明. $S = \dfrac{1}{10^l} + \dfrac{1}{10^{2l}} + \cdots$ とおくと，

$$10^l S - S = 1 + \frac{1}{10^l} + \frac{1}{10^{2l}} + \cdots - \left(\frac{1}{10^l} + \frac{1}{10^{2l}} + \cdots\right)$$

より

$$(10^l - 1)S = 1.$$

両辺を $10^l - 1$ で割ると

$$S = \frac{1}{10^l - 1}$$

となる. □

◆**注 5.3.12** 循環小数 $a = a_0.a_1\cdots a_k \dot{a}_{k+1}\cdots \dot{a}_{k+l}$ を有理数の和の形で書くと，注 5.3.10 から $c = a_{k+1}10^{l-1} + a_{k+2}10^{l-2} + \cdots + a_{k+l}$ とおいたとき，

$$a = a_0 + \frac{a_1}{10} + \cdots + \frac{a_k}{10^k} + \frac{c}{10^k}\left(\frac{1}{10^l} + \frac{1}{10^{2l}} + \cdots\right)$$

となっていたので，補題 5.3.11 から，

$$a = a_0 + \frac{a_1}{10} + \cdots + \frac{a_k}{10^k} + \frac{c}{10^k}\left(\frac{1}{10^l - 1}\right)$$
$$= a_0 + \frac{a_1}{10} + \cdots + \frac{a_k}{10^k} + \frac{c}{10^k(10^l - 1)}$$

となることがわかる.

実数が有理数であるか無理数であるかは，次の命題によってわかる.

命題 5.3.13 実数 $a = a_0.a_1a_2\cdots$ が有理数となる必要十分条件は，有限小数かまたは循環小数になることである.

証明. 正の実数の場合を考えれば十分である.

<u>十分条件</u> 最初に実数 $a = a_0.a_1a_2\cdots$ が有限小数のときは明らかなので，循環小数の条件 (∗) を満たすとすると，注 5.3.12 から，$0 < c < 10^l$ となる数 c があって，

$$a = a_0 + \frac{a_1}{10} + \cdots + \frac{a_k}{10^k} + \frac{c}{10^k}\left(\frac{1}{10^l} + \frac{1}{10^{2l}} + \cdots\right)$$
$$= a_0 + \frac{a_1}{10} + \cdots + \frac{a_k}{10^k} + \frac{c}{10^k(10^l - 1)}$$

と表すことができる．ゆえに a は有理数になる．

必要条件 有理数 $\frac{a}{b}$ を考えるとき，$0 < a < b$ のときを考えれば十分である．a に対し，$10^l a > b$ となる最小の自然数 l を $\eta(a)$ とおく．これに剰余の定理を適用し，次の列を考える．

$$(\mathrm{A})\begin{cases} 10^{\eta(a)}a = q_1 b + a_1 & (0 \leqq a_1 < b), \\ 10^{\eta(a_1)}a_1 = q_2 b + a_2 & (0 \leqq a_2 < b), \\ \quad \cdots \\ 10^{\eta(a_k)}a_k = q_{k+1} b + a_{k+1} & (0 \leqq a_{k+1} < b), \\ \quad \cdots \end{cases}$$

このとき，$q_k a_k < q_k b \leqq 10^{\eta(a_k)} a_k$ より，$a_k \neq 0$ ならば割ることができ，$0 < q_i < 10^{\eta(a_i)}$ となり，

$$\frac{a}{b} = \frac{q_1}{10^{\eta(a)}} + \frac{q_2}{10^{\eta(a_1)}} + \cdots + \frac{q_k}{10^{\eta(a_k)}} + \cdots$$

が得られる．

ここでもし，$a_{k+1} = 0$ ならば，$\frac{a}{b}$ は有限小数となる．そうでないとき，$0 \leqq a_i < b$ なので，a_i はどこかで必ず繰り返す．つまり，$a_{k+1} = a_{k+l+1}$ となる自然数 k, l がある．このとき，式 (A) を考えると

$$a_{k+1} = a_{k+nl+1} \quad (n \in \mathbb{N})$$

より，

$$\eta(a_{k+1}) = \eta(a_{k+nl+1})$$

と繰り返すことがわかる．ゆえに $\frac{a}{b}$ を小数表示すると

$$a = a_0.a_1 \cdots a_k \dot{a}_{k+1} \cdots \dot{a}_{k+l}$$

となり，循環小数である． □

5.3 小数と実数

○例 **5.3.14** (1) $\dfrac{1}{3} = 0.\dot{3}$

$$\begin{array}{r} 0.333\cdots \\ 3\overline{)1.000\cdots} \\ 9 \\ \hline 10 \\ 9 \\ \hline 10 \\ 9 \\ \hline 1 \\ \cdots \end{array}$$

$10 \cdot 1 = 3 \cdot 3 + 1$

$10 \cdot 1 = 3 \cdot 3 + 1$

$10 \cdot 1 = 3 \cdot 3 + 1$

(2) $\dfrac{34}{333} = 0.\dot{1}0\dot{2}$

$$\begin{array}{r} 0.102\cdots \\ 333\overline{)34.000\cdots} \\ 33\ 3 \\ \hline 700 \\ 666 \\ \hline 340 \\ 333 \\ \hline 7 \\ \cdots \end{array}$$

$10 \cdot 34 = 1 \cdot 333 + 7$

$10^2 \cdot 7 = 2 \cdot 333 + 34$

$10 \cdot 34 = 1 \cdot 333 + 7$

(3) $\dfrac{5}{14} = 0.3\dot{5}7142\dot{8}$

$$\begin{array}{r} 0.3571428\cdots \\ 14\overline{)5.0000000\cdots} \\ 4\ 2 \\ \hline 80 \\ 70 \\ \hline 100 \\ 98 \\ \hline 20 \\ 14 \\ \hline 60 \\ 56 \\ \hline 40 \\ 28 \\ \hline 120 \\ 112 \\ \hline 80 \\ \cdots \end{array}$$

$10 \cdot 5\ = 3 \cdot 14 + 8$

$10 \cdot 8\ = 5 \cdot 14 + 10$

$10 \cdot 10 = 7 \cdot 14 + 2$

$10 \cdot 2\ = 1 \cdot 14 + 6$

$10 \cdot 6\ = 4 \cdot 14 + 4$

$10 \cdot 4\ = 2 \cdot 14 + 12$

$10 \cdot 12 = 8 \cdot 14 + 8$

◎**問題 5.3.15** 次の有理数を循環小数表示せよ．

(1) $\dfrac{7}{15}$ (2) $\dfrac{3}{7}$ (3) $\dfrac{5}{11}$ (4) $\dfrac{337}{3333}$

分数が有限小数表示できるかどうかは次の命題で簡単にわかる．

命題 5.3.16 既約分数 $\dfrac{a}{b}$ ($a < b$) が有限小数で表示できる必要十分条件は，b の素因数が 2 と 5 だけであることである．

証明． 既約分数 $\dfrac{a}{b}$ が有限小数で表示できるならば，
$$\frac{a}{b} = \frac{q_1}{10^l} + \frac{q_2}{10^{2l}} + \cdots + \frac{q_k}{10^{kl}}$$
より
$$\frac{a}{b} = \frac{10^{(k-1)l}q_1 + 10^{(k-2)l}q_2 + \cdots + q_k}{10^{kl}}.$$
両辺を $10^{kl}b$ 倍すると
$$10^{kl}a = b(10^{(k-1)l}q_1 + 10^{(k-2)l}q_2 + \cdots + q_k)$$

ここで $\mathrm{GCD}(a,b) = 1$ より，$b \mid 10^{kl}$ となる．

逆に $b \mid 10^{kl}$ ならば，$10^{kl} = bc$ となる c が存在し，
$$\frac{a}{b} = \frac{ac}{bc} = \frac{ac}{10^{kl}}$$
となるので，明らかに有限小数となる． □

自然数 b の素因数が 2 と 5 以外にもあるとき，既約分数 $\dfrac{a}{b}$ は (混) 純循小数表示できることがわかったが，さらに次のことが成り立つ．

定理 5.3.17 既約分数 $\dfrac{a}{b}$ ($a < b$) が純循環小数で表示できる必要十分条件は，$\mathrm{GCD}(10, b) = 1$ である．

証明． 必要条件
$$\frac{a}{b} = c\left(\frac{1}{10^l} + \frac{1}{10^{2l}} + \cdots\right)$$

より
$$\frac{a}{b} = \frac{c}{10^l - 1}.$$
両辺を $(10^l - 1)b$ 倍して
$$a(10^l - 1) = bc.$$
ここで $\mathrm{GCD}(a,b) = 1$ より，$b \mid 10^l - 1$ となり，$10^l \equiv 1 \pmod{b}$ である．ゆえに，$\mathrm{GCD}(10, b) = 1$.

<u>十分条件</u>　$10, 10^2, \cdots$ を b で割った余りを考えると，余りは高々 $1, \cdots, b-1$ なので，ある $k, l > 0$ が存在して，10^k と 10^{k+l} の余りが等しくなるものがある．
$$10^{k+l} \equiv 10^k \pmod{b}$$
で，$\mathrm{GCD}(10, b) = 1$ から $\mathrm{GCD}(10^k, b) = 1$ が成り立つので，定理 3.1.3 (3) から，10^k で割れて，
$$10^l \equiv 1 \pmod{b}.$$
したがって，$mb = 10^l - 1$ となる自然数 m が存在する．このとき，
$$0 < ma < mb < 10^l$$
であり，
$$\frac{a}{b} = \frac{ma}{mb}$$
$$= \frac{ma}{10^l - 1}$$
$$= ma\left(\frac{1}{10^l} + \frac{1}{10^{2l}} + \cdots\right)$$
なので，l 桁ごとに ma を繰り返す純循環小数となっている． □

系 5.3.18　既約分数 $\dfrac{a}{b}$ $(0 < a < b)$ が純循環小数で表示できるとき，循環節の長さは，
$$10^l \equiv 1 \pmod{b}$$
となる最小の自然数である．

証明. 定理 5.3.17 の証明から，次は同値になる.

(1) $\dfrac{a}{b} = \dfrac{c}{10^l - 1}$ となる $l > 0, 0 < c < 10^l$ が存在する.

(2) $10^l \equiv 1 \pmod{b}$ となる $l > 0$ が存在する.

ゆえに，(1) を満たす最小の l は，(2) を満たす最小の自然数となる. □

○例 **5.3.19** (1) $10^2 \equiv 1 \pmod{11}$ で，$\dfrac{3}{11} = 0.\dot{2}\dot{7}$ である.

$$\begin{array}{r} 0.27\cdots \\ 11\overline{)3.000\cdots} \\ 2\,2 \\ \hline 80 \\ 77 \\ \hline 30 \\ 22 \\ \hline 80 \\ \cdots \end{array}$$

$10 \cdot 3 = 2 \cdot 11 + 8$
$10 \cdot 8 = 7 \cdot 11 + 3$
$10 \cdot 3 = 2 \cdot 11 + 8$
$\vdots$

(2) $10^6 \equiv 1 \pmod{21}$ で，$\dfrac{5}{21} = 0.\dot{2}3809\dot{5}$ である.

$$\begin{array}{r} 0.238095\cdots \\ 21\overline{)5.0000000\cdots} \\ 4\,2 \\ \hline 80 \\ 63 \\ \hline 170 \\ 168 \\ \hline 200 \\ 189 \\ \hline 110 \\ 105 \\ \hline 5 \\ \cdots \end{array}$$

$10 \cdot 5 = 2 \cdot 21 + 8$
$10 \cdot 8 = 3 \cdot 21 + 17$
$10 \cdot 17 = 8 \cdot 21 + 2$
$10^2 \cdot 2 = 9 \cdot 21 + 11$
$10 \cdot 11 = 5 \cdot 21 + 5$
$\vdots$

◎問題 **5.3.20** 次の有理数を循環小数表示せよ.

(1) $\dfrac{2}{13}$　　(2) $\dfrac{8}{21}$　　(3) $\dfrac{3}{19}$　　(4) $\dfrac{5}{23}$

参 考 文 献

[1] 上野健爾，"測る"，東京図書 (2009).

[2] 上野健爾，"数学の視点"，東京図書 (2010).

[3] 片山孝次，"代数学入門"，新曜社 (1981).

[4] 高木貞治，"初等整数論講義 第 2 版"，共立出版 (1971).

[5] 中沢貞治，"青春の日の数学セミナー"，現代数学社 (1975).

[6] 日本数学会 (編集)，"数学辞典 第 4 版"，岩波書店 (2007).

問題の解答

問題 2.1.3

(1) $\mathrm{GCD}(35, 25) = 7$ (2) $\mathrm{GCD}(182, 273) = 91$
(3) $\mathrm{GCD}(391, 184) = 23$ (4) $\mathrm{GCD}(703, 851) = 37$
(5) $\mathrm{GCD}(2541, 792) = 33$ (6) $\mathrm{GCD}(1207, 923) = 71$

問題 2.1.12

$d = \mathrm{GCD}(na, nb)$ とおくと，$d = d'n$ とおくことができる．このとき，$d' \mid a, d' \mid b$ となる．$k \mid a, k \mid b$ ならば，$kn \mid an, kn \mid bn$ より $kn \mid d = d'n$ となり，$k \mid d'$ である．ゆえに，$\mathrm{GCD}(a, b) = d'$．

問題 2.1.15

(1) $\mathrm{GCD}(437, 667) = 23$ (2) $\mathrm{GCD}(899, 1147) = 31$
(3) $\mathrm{GCD}(3071, 3569) = 83$ (4) $\mathrm{GCD}(5183, 5767) = 73$
(5) $\mathrm{GCD}(10403, 11021) = 103$

問題 2.1.17

n に関する帰納法で示す．$n = 2$ ときは，明らかである．$n > 2$ で，$n - 1$ まで成り立つと仮定する．

$$r = \mathrm{GCD}(\cdots(\mathrm{GCD}(\mathrm{GCD}(a_1, a_2), a_3), \cdots, a_{n-1}),$$
$$d = \mathrm{GCD}(\cdots(\mathrm{GCD}(\mathrm{GCD}(a_1, a_2), a_3), \cdots, a_n)$$

とおくと，

$$\mathrm{GCD}(\cdots(\mathrm{GCD}(\mathrm{GCD}(a_1, a_2), a_3), \cdots, a_n) = \mathrm{GCD}(r, a_n)$$

となるので，$d \mid a_i$ $(1 \leqq i \leqq n)$ を満たす．次に $d' \mid a_i$ $(1 \leqq i \leqq n)$ とすると，$d' \mid r$ を満たし $d' \mid \mathrm{GCD}(r, a_n)$ となるので，d は $a_1, a_2, \cdots, a_n$ の最大公約数である．

問題 2.2.9

(1) $(x, y) = (3 + 3n, -5 - 7n)$ (2) $(x, y) = (4 + 7n, -5 - 9n)$
(3) $(x, y) = (15 + 22n, -17 - 25n)$ (4) $(x, y) = (9 + 14n, -7 - 11n)$
(5) $(x, y) = (5 + 9n, -6 - 11n)$

問題 2.3.6

(1) LCM(437, 667) = 12673 (2) LCM(899, 1147) = 33263
(3) LCM(3071, 3569) = 132053 (4) LCM(5183, 5767) = 30467061
(5) LCM(10403, 11021) = 1113121

問題 2.4.7

(1) $17 \cdot 23$ (2) $2^3 \cdot 23$ (3) $3 \cdot 7 \cdot 11^2$
(4) $2^3 \cdot 3^2 \cdot 11$ (5) $17 \cdot 23 \cdot 61$ (6) $2^2 \cdot 3 \cdot 23 \cdot 43$

問題 2.5.11

(1) $(x, z) = (35, 37), (5, 13)$ (2) $(x, z) = (21, 29), (99, 101)$
(3) $(x, y) = (117, 88), (25, 200)$ (4) $(x, y) = (77, 36), (13, 86)$

問題 2.6.2

例えば，各辺の長さが c である正方形と，直角を挟む 2 辺の長さが a, b で，斜辺の長さが c である合同な 4 つの直角三角形を図のように貼り合わせてつくった一辺の長さが $a + b$ である正方形を用いて考えよ．

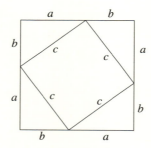

図　$(a+b)^2 = 4 \cdot \dfrac{1}{2}ab + c^2$

問題 3.1.5

(1) $10 \equiv -1 \pmod{11}$，よって $10^n \equiv (-1)^n \pmod{11}$．$n$ が奇数ならば $10^n + 1 \equiv 0 \pmod{11}$．

(2) $10^2 \equiv -1 \pmod{101}$，よって $10^{2n} \equiv (-1)^n \pmod{101}$．$n$ が奇数ならば $10^{2n} + 1 \equiv 0 \pmod{101}$．

問題 3.2.5　(1)

$4 \cdot 10 + 8 \cdot 9 + 1 \cdot 8 + 7 \cdot 7 + 1 \cdot 6 + 9 \cdot 5 + 2 \cdot 4 + 6 \cdot 3 + 8 \cdot 2 \equiv -2 \pmod{11}$
より，$c_1 = 2$，

東京都千代田区九段南四丁目

3番12号

株式会社　培　風　館　行

御住所　　　　　　　　　　　郵便番号

ふりがな
御芳名

校名・専攻学部学科

御職業

E-mail

読 者 カ ー ド

御購読ありがとうございます。
このカードは出版企画等の資料として活用させていただきます。
なお、読者カードをお送り下さった方で、御希望の方に目録をお送りいたしております。

図書目録　要・不要（どちらかに○印をおつけ下さい）

書名

本書に対する御感想

出版御希望の書（小館へ）

その他

問題の解答

$$9 + 7\cdot 3 + 8 + 4\cdot 3 + 8 + 1\cdot 3 + 7 + 1\cdot 3 + 9 + 2\cdot 3 + 6 + 8\cdot 3 \equiv -4 \pmod{10}$$

より, $d_1 = 4$.

(2)
$$4\cdot 10 + 8\cdot 9 + 1\cdot 8 + 7\cdot 7 + 1\cdot 6 + 9\cdot 5 + 3\cdot 4 + 0\cdot 3 + 8\cdot 2 \equiv -5 \pmod{11}$$

より, $c_2 = 5$,

$$9 + 7\cdot 3 + 8 + 4\cdot 3 + 8 + 1\cdot 3 + 7 + 1\cdot 3 + 9 + 3\cdot 3 + 0 + 8\cdot 3 \equiv -7 \pmod{10}$$

より, $d_2 = 7$.

問題 3.3.5

$$[(3\cdot 3 - 7)/5] = 0, \quad [(3\cdot 4 - 7)/5] = 1, \quad [(3\cdot 5 - 7)/5] = 1,$$
$$[(3\cdot 6 - 7)/5] = 2, \quad [(3\cdot 7 - 7)/5] = 2, \quad [(3\cdot 8 - 7)/5] = 3,$$
$$[(3\cdot 9 - 7)/5] = 4, \quad [(3\cdot 10 - 7)/5] = 4, \quad [(3\cdot 11 - 7)/5] = 5,$$
$$[(3\cdot 12 - 7)/5] = 5, \quad [(3\cdot 13 - 7)/5] = 6.$$

問題 3.3.10

例えば, 2018 年 4 月 1 日は日曜日なので, この年月日と曜日で計算してみると, 1600 年 3 月 1 日から

$$\{365\cdot 418 + [418/4] - [418/100] + [418/400]$$
$$+ 30(4-3) + [(3\cdot 4 - 7)/5] + 1 - 1\} \text{日後}$$

である. 計算すると,

$$365\cdot 418 + [418/4] - [418/100] + [418/400] + 30 + [1]$$
$$= 365\cdot 418 + 104 - 4 + 1 + 30 + 1$$
$$= 365\cdot 418 + 132$$
$$\equiv 1\cdot 5 + 6 \pmod{7}$$
$$= 4.$$

したがって, 日曜日の 4 日前で, 水曜日となる.

問題 3.3.14

例えば, 1983 年 4 月 2 日生まれの人を計算してみると, 1600 年 3 月 1 日から数えて

$$\{83 + [83/4] + [13(4+1)/5] + 2\} \text{日後}$$

である. 計算すると,

$$83 + [83/4] + [13(4+1)/5] + 2$$
$$= 83 + 20 + 13 + 2$$
$$\equiv 6 - 1 - 1 + 2 \pmod 7$$
$$= 6.$$

したがって，日曜日の 6 日後の土曜日である．

問題 3.4.24

(1) $\varphi(23) = 22$　　(2) $\varphi(56) = 24$　　(3) $\varphi(1254) = 360$　　(4) $\varphi(4646) = 2200$

問題 3.5.5

(1) $x \equiv 7 \pmod{13}$　　(2) $x \equiv 13 \pmod{23}$　　(3) $x \equiv 11 \pmod{29}$
(4) $x \equiv 142 \pmod{541}$　　(5) $x \equiv 622 \pmod{1223}$

問題 3.5.9

(1) $(x, y) = (-2 + 9n, 1 - 4n)$ $(n \in \mathbb{Z})$
(2) $(x, y) = (27 + 31n, -20 - 23n)$ $(n \in \mathbb{Z})$
(3) $(x, y) = (4 + 16n, -6 - 25n)$ $(n \in \mathbb{Z})$
(4) $(x, y) = (5 + 15n, -14 - 43n)$ $(n \in \mathbb{Z})$
(5) $(x, y) = (38 + 53n, -15 - 21n)$ $(n \in \mathbb{Z})$

問題 3.5.12

(1) $x \equiv 7, 20 \pmod{26}$　　(2) $x \equiv 13, 36 \pmod{46}$
(3) $x \equiv 11, 40 \pmod{58}$　　(4) $x \equiv 142 \pmod{541}$
(5) $x \equiv 622 \pmod{1223}$

問題 3.5.15

(1) $x \equiv 58 \pmod{316}$　　(2) $x \equiv 347 \pmod{504}$　　(3) $x \equiv 408 \pmod{819}$
(4) $x \equiv 249 \pmod{315}$　　(5) $x \equiv 4827 \pmod{11025}$

問題 4.6.3

$N = 1459307$ の素因数分解は

$$1459307 = 1831 \cdot 797$$

である．したがって $p = 1831, q = 797$ とおくことができ，$L = (p-1)(q-1) = 1456680$ となる．よって，合同方程式

$$311d \equiv 1 \pmod{1456680}$$

問題の解答

を解けばよい．ちなみに定理 3.5.2 に従って解いてみると，ユークリッドの互除法で

$$1456680 = 4683 \cdot 311 + 267$$
$$311 = 1 \cdot 267 + 44$$
$$267 = 6 \cdot 44 + 3$$
$$44 = 14 \cdot 3 + 2$$
$$3 = 1 \cdot 2 + 1$$

となるので

$$1456680d \equiv 0 \pmod{1456680} \quad ①$$
$$311d \equiv 1 \pmod{1456680} \quad ②$$
$$267d \equiv -4683 \pmod{1456680} \quad ① - 4683 \cdot ② = ③$$
$$44d \equiv 4684 \pmod{1456680} \quad ② - ③ = ④$$
$$3d \equiv -32787 \pmod{1456680} \quad ③ - 6 \cdot ④ = ⑤$$
$$2d \equiv 463702 \pmod{1456680} \quad ④ - 14 \cdot ⑤ = ⑥$$
$$d \equiv -496489 \equiv 960191 \pmod{1456680} \quad ⑤ - ⑥$$

したがって，$d = 960191$ となる．

問題 5.2.5

(1) $(x, y) = (6, 66)$　　(2) $(x, y) = (8, 120), (9, 45), (10, 30), (8, 24)$
(3) $(x, y) = (45, 127)$　　(4) $(x, y) = (10, 190)$
(5) $(x, y) = (11, 231), (12, 84), (14, 42), (15, 35)$

問題 5.3.15

(1) $0.\dot{6}$　　(2) $0.\dot{4}2857\dot{1}$　　(3) $0.4\dot{5}$　　(4) $0.\dot{1}01\dot{1}$

問題 5.3.20

(1) $0.\dot{1}5384\dot{6}$　　(2) $0.\dot{3}8095238095\dot{2}$
(3) $0.\dot{1}5789473684210526\dot{3}$　　(4) $0.\dot{2}1739130434782608695\dot{6}5$

索　引

欧文・記号
∅　　4
ℕ　　4, 9
ℚ　　4, 100
ℤ　　4, 9
$GCD(a,b)$　　16, 18
ISBN 番号　　48
$LCM(a,b)$　　28
RSA 暗号　　85, 97

あ 行
余り　　11
暗号　　83
暗号化　　83
一意的　　18, 31
一意分解定理　　31
1 次合同方程式　　66
1 次不定方程式　　20
ウィルソンの定理　　78
閏年　　52
エラストテネスの篩　　30
オイラーの関数　　58
オイラーの定理 (素数に関する)　　79

か 行
外延性の公理　　6
外延的記法　　5
ガウス記号　　51
完全代表系　　59

帰納法の原理　　9
逆元　　104
既約代表系　　61
既約ピタゴラス数　　34
既約分数表示　　105
既約類　　60
共通 RSA 暗号　　92
共通部分　　6
空集合　　4
グレゴリオ暦　　52
系　　2
元　　4
公開鍵　　86, 97
合成数　　30
合同　　45
公倍数　　28
公約数　　15
公理　　2, 9

さ 行
最小元　　9
最小公倍数　　28
最大公約数　　15, 17, 20
差集合　　6
式として合同　　77
シーザー式暗号　　83
自然数　　7
実数　　116
集合　　4

循環小数　117
循環節　118
純循環小数　118
順序対　6
商　11
条件　2
小数表示　113
剰余の定理　11
剰余類　59
推移律　99
整数　8
整数論の公理　9
絶対値　10
素因数　31
素因数分解　31
素数　30

　　た　行
対偶　2
対称律　99
互いに素　18
単位分数　107
中国式剰余定理　75
直積集合　6
定義　2
定理　2
デジタル署名　88
同値関係　46, 99

　　な　行
内包的記法　5

　　は　行
倍数　10
背理法　3

ハッキング　91
反射律　99
ピタゴラス数　34, 111
ピタゴラスの定理　40
秘密鍵　86, 97
平文　83
フェルマー・オイラーの定理　61
フェルマー素数　47
フェルマーの最終定理　38
フェルマーの小定理　62
フェルマーの2平方定理　80
復号　83
負の整数　8
部分集合　5
分数表示　100
平方数　33
補題　2

　　ま　行
無限降下法　40
矛盾なく定義　100
無理数　116
命題　1, 2, 9

　　や　行
約数　10
有限小数　113
有理数　99, 100
　　——の積　100
　　——の稠密性　106
　　——の和　100
ユークリッドの互除法　16
ユークリッドの素数定理　32
要素　4
曜日計算　50

索　引

ら 行
ラグランジュの定理　77

わ
和集合　6
割り切れる　10

著者紹介

宮地 淳一
みやち じゅんいち
現　在　東京学芸大学教育学部教授
　　　　博士(理学)

竹内 伸子
たけうち のぶこ
現　在　東京学芸大学教育学部教授
　　　　博士(理学)

田中 心
たなか こころ
現　在　東京学芸大学教育学部准教授
　　　　博士(数理科学)

長瀬 潤
ながせ ひろし
現　在　東京学芸大学教育学部講師
　　　　博士(理学)

相原 琢磨
あいはら たくま
現　在　東京学芸大学教育学部講師
　　　　博士(理学)

Ⓒ　宮地・竹内・田中・長瀬・相原　2018

2018年4月10日　初版発行

算数教育のための数学

著　者　宮地　淳一
　　　　竹内　伸子
　　　　田中　　心
　　　　長瀬　　潤
　　　　相原　琢磨
発行者　山本　　格

発行所　株式会社　培風館
東京都千代田区九段南4-3-12・郵便番号 102-8260
電話 (03)3262-5256 (代表)・振替 00140-7-44921

三美印刷・牧 製本

PRINTED IN JAPAN

ISBN 978-4-563-01217-5　C3041